“十四五”国家重点出版物出版规划项目·重大出版工程

中国学科及前沿领域2035发展战略丛书

学术引领系列

国家科学思想库

中国工程科学 2035发展战略

“中国学科及前沿领域发展战略研究（2021—2035）”项目组

科学出版社

北 京

内 容 简 介

我国改革开放四十余年，经济取得了令世人瞩目的巨大成就，工程科学技术因其能够直接转化为生产力而对我国国民经济的发展做出了突出的贡献。《中国工程科学 2035 发展战略》面向 2035 年探讨了国际工程科学前沿的发展趋势和中国从工程科技大国走向工程科技强国的可持续发展策略，深入阐述了工程学科中建筑与土木工程、环境与交通工程、水利与海洋工程三大领域的科学意义与战略价值、发展规律与研究特点，系统分析了相关学科的发展现状与态势，凝练了发展思路与发展方向，并提出了资助机制和政策建议。

本书为相关领域战略与管理专家、科技工作者、企业研发人员及高校师生提供了研究指引，为科研管理部门提供了决策参考，也是社会公众了解工程科学发展现状及趋势的重要读本。

图书在版编目（CIP）数据

中国工程科学 2035 发展战略 / “中国学科及前沿领域发展战略研究（2021—2035）”项目组编 . —北京：科学出版社，2023.7
（中国学科及前沿领域 2035 发展战略丛书）
ISBN 978-7-03-075571-1

Ⅰ.①中… Ⅱ.①中… Ⅲ.①工程技术－发展战略－研究－中国 Ⅳ.①TB-12

中国国家版本馆 CIP 数据核字（2023）第 087189 号

丛书策划：侯俊琳　朱萍萍
责任编辑：张　莉　赵晓廷 / 责任校对：韩　杨
责任印制：吴兆东 / 封面设计：有道文化

科学出版社出版
北京东黄城根北街 16 号
邮政编码：100717
http://www.sciencep.com
北京厚诚则铭印刷科技有限公司印刷
科学出版社发行　各地新华书店经销
*
2023 年 7 月第 一 版　开本：720×1000　1/16
2024 年 10 月第三次印刷　印张：14
字数：176 000

定价：98.00元

（如有印装质量问题，我社负责调换）

“中国学科及前沿领域发展战略研究（2021—2035）”

联合领导小组

组　长　常　进　李静海

副组长　包信和　韩　宇

成　员　高鸿钧　张　涛　裴　钢　朱日祥　郭　雷
杨　卫　王笃金　杨永峰　王　岩　姚玉鹏
董国轩　杨俊林　徐岩英　于　晟　王岐东
刘　克　刘作仪　孙瑞娟　陈拥军

联合工作组

组　长　杨永峰　姚玉鹏

成　员　范英杰　孙　粒　刘益宏　王佳佳　马　强
马新勇　王　勇　缪　航　彭晴晴

《中国工程科学2035发展战略》

编　写　组

组　长　聂建国

副组长　王岐东　苗鸿雁

成　员　（以姓氏拼音为序）

陈湘生　杜修力　樊健生　胡　春　胡洪营
贾金生　纪　军　孔宪京　赖一楠　李大鹏
李华军　李　惠　李克强　李　萌　李庆斌
练继建　林波荣　刘　鸿　刘加平　刘艳峰
罗胜联　吕西林　石永久　唐洪武　田红旗
万德成　汪华林　王　凯　王清勤　王　炜
王云鹏　王之中　文　兵　徐宏庆　徐　建
许唯临　严新平　杨德森　杨建荣　杨　静
杨志峰　余　刚　俞汉青　岳清瑞　曾　滨
张阿漫　张亚雷　周创兵　周绪红

秘 书 组

樊健生　聂　鑫　丁　然　陶慕轩

总 序

党的二十大胜利召开，吹响了以中国式现代化全面推进中华民族伟大复兴的前进号角。习近平总书记强调“教育、科技、人才是全面建设社会主义现代化国家的基础性、战略性支撑”[①]，明确要求到2035年要建成教育强国、科技强国、人才强国。新时代新征程对科技界提出了更高的要求。当前，世界科学技术发展日新月异，不断开辟新的认知疆域，并成为带动经济社会发展的核心变量，新一轮科技革命和产业变革正处于蓄势跃迁、快速迭代的关键阶段。开展面向2035年的中国学科及前沿领域发展战略研究，紧扣国家战略需求，研判科技发展大势，擘画战略、锚定方向，找准学科发展路径与方向，找准科技创新的主攻方向和突破口，对于实现全面建成社会主义现代化“两步走”战略目标具有重要意义。

当前，应对全球性重大挑战和转变科学研究范式是当代科学的时代特征之一。为此，各国政府不断调整和完善科技创新战略与政策，强化战略科技力量部署，支持科技前沿态势研判，加强重点领域研发投入，并积极培育战略新兴产业，从而保证国际竞争实力。

擘画战略、锚定方向是抢抓科技革命先机的必然之策。当前，新一轮科技革命蓬勃兴起，科学发展呈现相互渗透和重新会聚的趋

① 习近平．高举中国特色社会主义伟大旗帜 为全面建设社会主义现代化国家而团结奋斗——在中国共产党第二十次全国代表大会上的报告．北京：人民出版社，2022：33.

势，在科学逐渐分化与系统持续整合的反复过程中，新的学科增长点不断产生，并且衍生出一系列新兴交叉学科和前沿领域。随着知识生产的不断积累和新兴交叉学科的相继涌现，学科体系和布局也在动态调整，构建符合知识体系逻辑结构并促进知识与应用融通的协调可持续发展的学科体系尤为重要。

擘画战略、锚定方向是我国科技事业不断取得历史性成就的成功经验。科技创新一直是党和国家治国理政的核心内容。特别是党的十八大以来，以习近平同志为核心的党中央明确了我国建成世界科技强国的“三步走”路线图，实施了《国家创新驱动发展战略纲要》，持续加强原始创新，并将着力点放在解决关键核心技术背后的科学问题上。习近平总书记深刻指出：“基础研究是整个科学体系的源头。要瞄准世界科技前沿，抓住大趋势，下好‘先手棋’，打好基础、储备长远，甘于坐冷板凳，勇于做栽树人、挖井人，实现前瞻性基础研究、引领性原创成果重大突破，夯实世界科技强国建设的根基。”①

作为国家在科学技术方面最高咨询机构的中国科学院（简称中科院）和国家支持基础研究主渠道的国家自然科学基金委员会（简称自然科学基金委），在夯实学科基础、加强学科建设、引领科学研究发展方面担负着重要的责任。早在新中国成立初期，中科院学部即组织全国有关专家研究编制了《1956—1967年科学技术发展远景规划》。该规划的实施，实现了“两弹一星”研制等一系列重大突破，为新中国逐步形成科学技术研究体系奠定了基础。自然科学基金委自成立以来，通过学科发展战略研究，服务于科学基金的资助与管理，不断夯实国家知识基础，增进基础研究面向国家需求的能力。2009年，自然科学基金委和中科院联合启动了“2011—2020年中国学科发展

---

① 习近平. 努力成为世界主要科学中心和创新高地 [EB/OL]. (2021-03-15). http://www.qstheory.cn/dukan/qs/2021-03/15/c_1127209130.htm[2022-03-22].

战略研究”。2012年，双方形成联合开展学科发展战略研究的常态化机制，持续研判科技发展态势，为我国科技创新领域的方向选择提供科学思想、路径选择和跨越的蓝图。

联合开展“中国学科及前沿领域发展战略研究（2021—2035）”，是中科院和自然科学基金委落实新时代“两步走”战略的具体实践。我们面向2035年国家发展目标，结合科技发展新特征，进行了系统设计，从三个方面组织研究工作：一是总论研究，对面向2035年的中国学科及前沿领域发展进行了概括和论述，内容包括学科的历史演进及其发展的驱动力、前沿领域的发展特征及其与社会的关联、学科与前沿领域的区别和联系、世界科学发展的整体态势，并汇总了各个学科及前沿领域的发展趋势、关键科学问题和重点方向；二是自然科学基础学科研究，主要针对科学基金资助体系中的重点学科开展战略研究，内容包括学科的科学意义与战略价值、发展规律与研究特点、发展现状与发展态势、发展思路与发展方向、资助机制与政策建议等；三是前沿领域研究，针对尚未形成学科规模、不具备明确学科属性的前沿交叉、新兴和关键核心技术领域开展战略研究，内容包括相关领域的战略价值、关键科学问题与核心技术问题、我国在相关领域的研究基础与条件、我国在相关领域的发展思路与政策建议等。

三年多来，400多位院士、3000多位专家，围绕总论、数学等18个学科和量子物质与应用等19个前沿领域问题，坚持突出前瞻布局、补齐发展短板、坚定创新自信、统筹分工协作的原则，开展了深入全面的战略研究工作，取得了一批重要成果，也形成了共识性结论。一是国家战略需求和技术要素成为当前学科及前沿领域发展的主要驱动力之一。有组织的科学研究及源于技术的广泛带动效应，实质化地推动了学科前沿的演进，夯实了科技发展的基础，促进了人才的培养，并衍生出更多新的学科生长点。二是学科及前沿领域的发展促进深层次交叉融通。学科及前沿领域的发展越来越呈现出多学科相互渗透的发展态势。某一类学科领域采用的研究策略和技术体系所产生的基础理论与方法论成果，可以作为共同的知识基础适用于不同学科领域的多个研究方向。三是科研范式正在经历深刻变革。解决系统性复杂问题成为当前科学发展的主要目标，导致相应的研究内容、方法和范畴等的改变，形成科学研究的多层次、多尺度、动态化的基本特征。数据驱动的科研模式有力地推动了新时代科研范式的变革。四是科学与社会的互动更加密切。发展学科及前沿领域愈加重要，与此同时，"互联网+"正在改变科学交流生态，并且重塑了科学的边界，开放获取、开放科学、公众科学等都使得越来越多的非专业人士有机会参与到科学活动中来。

"中国学科及前沿领域发展战略研究（2021—2035）"系列成果以"中国学科及前沿领域2035发展战略丛书"的形式出版，纳入"国家科学思想库-学术引领系列"陆续出版。希望本丛书的出版，能够为科技界、产业界的专家学者和技术人员提供研究指引，为科研管理部门提供决策参考，为科学基金深化改革、"十四五"发展规划实施、国家科学政策制定提供有力支撑。

在本丛书即将付梓之际，我们衷心感谢为学科及前沿领域发展战略研究付出心血的院士专家，感谢在咨询、审读和管理支撑服务方面付出辛劳的同志，感谢参与项目组织和管理工作的中科院学部的丁仲礼、秦大河、王恩哥、朱道本、陈宜瑜、傅伯杰、李树深、李婷、苏荣辉、石兵、李鹏飞、钱莹洁、薛淮、冯霞，自然科学基金委的王长锐、韩智勇、邹立尧、冯雪莲、黎明、张兆田、杨列勋、高阵雨。学科及前沿领域发展战略研究是一项长期、系统的工作，对学科及前沿领域发展趋势的研判，对关键科学问题的凝练，对发展思路及方向的把握，对战略布局的谋划等，都需要一个不断深化、积累、完善的过程。我们由衷地希望更多院士专家参与到未来的学科及前沿领域发展战略研究中来，汇聚专家智慧，不断提升凝练科学问题的能力，为推动科研范式变革，促进基础研究高质量发展，把科技的命脉牢牢掌握在自己手中，服务支撑我国高水平科技自立自强和建设世界科技强国夯实根基做出更大贡献。

“中国学科及前沿领域发展战略研究（2021—2035）”
联合领导小组
2023 年 3 月

前　言

2021 年 3 月 11 日，第十三届全国人民代表大会第四次会议通过了《中华人民共和国国民经济和社会发展第十四个五年规划和 2035 年远景目标纲要》(以下简称《纲要》),《纲要》指出:"当前和今后一个时期，我国发展仍然处于重要战略机遇期，但机遇和挑战都有新的发展变化。当今世界正经历百年未有之大变局，新一轮科技革命和产业变革深入发展，国际力量对比深刻调整，和平与发展仍然是时代主题，人类命运共同体理念深入人心。同时，国际环境日趋复杂，不稳定性不确定性明显增加，新冠肺炎疫情影响广泛深远，世界经济陷入低迷期，经济全球化遭遇逆流，全球能源供需版图深刻变革，国际经济政治格局复杂多变，世界进入动荡变革期，单边主义、保护主义、霸权主义对世界和平与发展构成威胁。"(新华社，2021a)

《纲要》还指出，我国已转向高质量发展阶段，但我国发展不平衡不充分问题仍然突出，重点领域关键环节改革任务仍然艰巨，创新能力不适应高质量发展要求，农业基础还不稳固，城乡区域发展和收入分配差距较大，生态环保任重道远，民生保障存在短板，社会治理还有弱项。展望 2035 年，我国将基本实现社会主义现代化。经济实力、科技实力、综合国力将大幅跃升，经济总量和城乡居民人均收入将再迈上新的大台阶，关键核心技术实现重大突破，进入创新型国家前列。基本实现新型工业化、信息化、城镇化、农业现代化，建成现代化经济体系。广泛形成绿色生产生活方式，碳排放达峰后稳中有降，生态环境根本好转，美丽中国建设目标基本实现。城乡区域发展差距和居民生活水平差距显著缩小。

《纲要》提出了很多与工程学科密切相关的目标和任务，迫切需要相关学科给予强有力的支撑和保障，具体包括：建设现代化基础设施体系；加快数字社会建设步伐，建设智慧城市和数字乡村；坚持农业农村优先发展，全面推进乡村振兴；完善新型城镇化战略，提升城镇化发展质量；积极拓展海洋经济发展空间；持续改善环境质量；加快发展方式绿色转型；推动共建“一带一路”高质量发展；全面提高公共安全保障能力等。

2021 年 10 月 24 日，中共中央、国务院发布了《关于完整准确全面贯彻新发展理念做好碳达峰碳中和工作的意见》（以下简称《意见》）（新华社，2021b）。《意见》要求把碳达峰、碳中和（“双碳”）纳入经济社会发展全局，以经济社会发展全面绿色转型为引领，以能源绿色低碳发展为关键，加快形成节约资源和保护环境的产业结构、生产方式、生活方式、空间格局，坚定不移地走生态优先、绿色低碳的高质量发展道路，确保如期实现碳达峰、碳中和。“双碳”目标及《意见》中的上述内容，对建筑与土木工程、环境与交通工程、水利与海洋工程学科的发展方向提出了全新要求，对相关学科的未来研究具有重要影响。

改革开放四十余年来，我国经济取得了令世人瞩目的巨大成就，工程科学技术因能够直接转化为生产力而对国民经济的发展做出了突出的贡献。但当前我国在关键技术、核心装备和专业软件等方面还处于相对落后的地位，生产活动的资源能源消耗大、环境污染严重。上述问题成为制约我国从经济大国迈向经济强国的关键瓶颈，迫切需要工程学科实现跨越式发展，进而为我国经济和社会高速、高质量、高效、可持续发展提供坚实的科技支撑。

国家自然科学基金委员会与中国科学院联合开展学科发展战略研究已有十多年时间。2009年，双方联合启动了“2011～2020年中国学科发展战略研究”，其研究成果及出版的研究报告产生了重要影响。2012～2018年，双方共批准立项77个，覆盖了自然科学的多个学科领域。2018年，双方再次联合组织“中国学科及前沿领域发展战略研究（2021～2035）”，批准了39个项目，在之前合作的基础上进一步开展面向2035年的学科及前沿领域发展战略研究工作。

“中国工程科学2035发展战略”属于“中国学科及前沿领域发展战略研究（2021～2035）”中的一个项目（L1924042）。该项目于2020年1月启动，至2021年12月完成报告。研究组在项目工作联合领导小组和国家自然科学基金委员会工程与材料科学部的领导下，按照《中国学科及前沿领域发展战略研究（2021～2035）工作总体方案》的部署要求开展战略研究工作。由于工程学科涵盖范围广，项目组将项目进一步按照学科划分为建筑与土木工程、环境与交通工程、水利与海洋工程3个工程学科领域，共6个学科专题。每个专题指定一位最熟悉该领域的专家负责，由他们邀请相关专家，组成专题研究小组。该项目由25所高校、7家大型国有企业和2家研究院共同完成。参研人员包括10余位中国科学院和中国工程院院士、7位富有管理经验的资深专家、20余位国家杰出青年科学基金获资助者等中青年优秀学术带头人，代表了我国工程科学领域的优势研究力量。项目实施过程中坚持面向世界科技前沿、面向经济主战场、面向国家重大需求、面向人民生命健康（“四个面向”），开展了广泛的工程学科发展战略论证和意见征询，在此基础上完成了学科发展战略研究任务。

该项目研究的主要成果包括：①阐明了本学科领域的科学意义

与战略价值；②明确了本学科领域的研究特点与发展规律、发展现状与发展趋势；③提出了本学科领域的关键科学问题、发展思路、发展目标与发展方向，包括6大类27小类未来15年的优先发展领域、6大类27小类未来15年的重大交叉研究领域、8大类20小类未来15年的国际合作研究领域和5大类12小类制约国家创新发展的重大瓶颈科技问题；④提出了20项本学科领域未来发展的有效资助机制与政策建议。

聂建国

《中国工程科学2035发展战略》编写组组长

2023年1月

摘　要

本书是工程学科中建筑与土木工程、环境与交通工程、水利与海洋工程三大领域战略规划的总体研究报告，包括建筑学与城乡人居环境、土木工程、环境工程、交通工程、水利工程、海洋工程等多个学科方面的内容。

一、本学科领域的科学意义与战略价值

工程学科以自然科学为基础，并利用自然科学知识研究人造物质与系统的运行规律。随着材料科学、信息技术、人工智能等高新技术的逐渐融入，多学科交叉融合集成已成为工程学科的重要发展方向，为工程学科的发展提供了源源不断的动力。同时，工程系统和工程学科的发展需求也给基础自然科学提出了更多全新的问题和挑战。

我国已转向高质量发展阶段，但发展不平衡不充分问题仍然突出，重点领域关键环节改革任务依然艰巨，创新能力不适应高质量发展要求，农业基础还不稳固，城乡区域发展和收入分配差距较大，生态环保任重道远，民生保障存在短板，社会治理还有弱项，迫切需要工程学科提供解决上述问题的方案。《纲要》中提出的很多目标、任务、重大战略和重大工程建设均与建筑与土木工程、环境与交通工程、水利与海洋工程学科密切相关，迫切需要相关工程学科的基础研究给予强有力的支撑和保障。“双碳”目标及《意见》中对

工程学科的发展方向提出了全新要求，对相关学科的未来研究产生了重要影响。

二、本学科领域的研究特点和发展规律

（一）研究特点

1. 工程学科以自然科学为基石，以科学与技术融合为特征

随着人类社会的发展，工程系统的功能与结构越来越复杂，工程学科也越来越根植于宽广的自然科学基础，同时高新技术在工程学科中发挥着越来越重要的作用。

2. 工程学科以实现和保障系统功能为目标，以挑战极限为发展动力

在设计、制造、实现、保障系统功能的同时，不断挑战系统功能、性能、尺度和环境的极限。

3. 工程学科以学科交叉与融合为创新源泉

相关学科的发展和相互之间不断地交叉融合为工程学科提供了越来越多新的研究方向。例如，材料、信息、交通、环境、机械、控制和能源等学科及建筑与土木工程学科交叉融合促进了基础创新研究；多元化的学科交叉和大数据、人工智能等新技术的引入为环境工程学科基础理论的原始创新、颠覆性技术的突破和复杂环境问题综合解决方案的制定提供了动力；现代交通系统依托土木工程、系统与信息科学、行为与控制科学、管理科学等多学科呈现出“发端于土木、多学科融合”的交叉学科特质。

（二）发展规律

1. 复杂系统推动工程学科复杂性科学问题的研究

随着巨型复杂工程系统的发展，系统的耦合效应越来越显著，

工程系统的非线性行为与机制，以及各种非线性的耦合给工程学科提出了大量的复杂性科学问题。

2. 安全性和可控性是工程学科的核心科学问题

工程系统服役于自然环境，不可避免地面临着极端恶劣环境和自然灾害的考验；同时工程系统的复杂性、功能的多样性、性能的极端性、环境的不确定性以及科学的有限性也会给工程系统带来隐患，因而系统的安全性和可控性成为工程学科核心的科学问题。

3. 可持续性是工程学科的发展方向

全球性的能源危机、环境恶化及资源短缺，要求人类社会反思和调整自身的行为模式，以保持经济与社会的可持续发展。工程系统不仅需要在单一的环节进行改良提升，而且需要从规划设计、生产建造、运营服务、管理维护等全生命周期进行协同优化，为社会的可持续发展提供关键支撑。

三、本学科领域的关键科学问题、发展思路、发展目标与发展方向

（一）科学前沿和重点研究方向

基于我国工程科学领域现状、近年来取得的成果以及与国际先进水平的差距，结合我国重大需求及国内外相关研究前沿，确定未来 15 年我国工程学科的 5 个科学前沿和重点研究方向：①可持续发展的建筑与土木工程；②环境污染控制、生态修复与资源循环利用；③综合立体交通网；④资源与能源需求牵动的水利科学与海洋工程；⑤绿色可持续的城镇化。

（二）发展战略目标

在以上基础上，围绕 21 世纪人类共同面临的资源、能源、环

境、人类与自然和谐等问题，面向国际工程科学的前沿，针对我国新型城镇化、交通强国、海洋强国等战略需求和工程学科未来15年的发展战略目标，确定工程学科的6个优先发展领域、6个重大交叉研究领域和8个国际合作研究领域。

1. 优先发展领域

包括：①建筑学与城乡人居环境设计原理及技术体系，包括基于可持续发展的绿色建筑设计理论与方法、先进数字技术支撑的城市规划与设计、乡村人居环境改善与城市更新方法及技术、地域建筑和城市设计及文化遗产保护技术；②可持续高性能土木工程基础理论与关键技术，包括复杂环境下高性能土木工程结构的基础理论与建造技术、土木工程多灾害效应与抗灾韧性理论及技术、土木工程现代物理试验与数值模拟理论及技术、既有工程基础设施综合利用与功能提升理论及技术；③环境污染控制与生态系统修复关键理论及技术，包括水质风险与控制理论及技术、空气复合污染与控制理论及技术、固体废物资源转化与安全处置理论及技术、区域复合污染治理与生态修复理论及技术、生态环境系统工程与风险控制理论及技术；④交通学科创新基础理论与关键技术，包括轨道交通与运载工程、道路交通、车辆工程、水路交通与运载工程、航空交通与运载工程、航天运载工程、管道运输工程等；⑤水资源智慧管理及大型水利水电工程建设与安全运行的基础科学问题和关键技术，包括流域水文响应与水资源利用和智慧管理，流域生态系统健康理论与水利工程影响机制，重大水利工程对河流系统演变的影响，复杂条件下岩土工程与水利水电工程灾变及防控，综合节水、高效用水及非常规水资源开发利用技术；⑥海洋工程基础理论与前沿技术，包括海岸带资源的可持续利用与保护修复、智慧海洋与智能装备关键技术。

2. 重大交叉研究领域

包括：①智能建筑与土木工程基础理论和关键技术，包括应用现代信息技术的智能建筑与土木工程设计、基于人机一体化的建筑构件/部件智能生产、建筑与土木工程智能建造及管理、建筑与土木工程智能防灾减灾；②环境变迁中的城市科学与技术，包括工程结构与工程系统的环境作用模型，大规模工程系统的中、长尺度灾害危险性分析方法，基于乡村振兴战略的绿色村镇建设关键技术与方法，基于全产业链的智慧城市建造理论与关键技术，城市交通系统的供需平衡机理与网络交通流调控理论；③环境安全保障理论与关键技术，包括多介质多界面多尺度污染控制原理与方法、污染物定向转化机制与微观过程监控、区域环境污染控制及生态修复；④水系统科学与水安全基础理论和深海装备关键技术，包括数据水系统科学与水安全，深海空间站与新型潜水器，深海装备的模型试验、现场测试及海上安装技术，深海海洋工程结构安全与风险分析；⑤智慧城市建设关键技术，包括城市泛在感知网络及其集成技术、虚拟城市环境实时构建与动态表达技术、城市数据空间语义关联融合与数据挖掘技术、城市空间仿真与优化技术、基于人类行为分析的城市运行优化与提升技术；⑥交通学科重大交叉研究方向，包括常导高速磁浮交通系统工程理论体系、车路一体自主交通系统、泛交通高效氢能发动机、船舶智能航行与智能航运系统、先进航空器系统的基础理论与关键技术、大型复杂油气管网系统智能化运行与保供、气-电耦合系统规划运行研究。

3. 国际合作研究领域

包括：①土木工程防灾减灾基础理论与先进技术，包括土木工程结构与城市区域抗震基础理论及先进技术、多重极端灾害条件下的工程结构防灾减灾综合能力提升；②适应“一带一路”倡议需求的高性能桥隧基础设施设计建造理论与技术，包括适应不同复杂恶劣环境的高性能桥隧结构体系、复杂恶劣环境下的桥隧结构全生命周期服役可靠性研究；③极端环境条件下的岩土力学与工程技术，包括极端气候与极端灾害环境下的岩土工程问题，深空、深海、深地（“三深”）岩土力学与工程问题，生态岩土工程问题；④复合污染控制与环境生态修复理论及技术，包括超短流程水质净化理论与组合工艺、大气复合污染与气候变化协同应对关键基础科学问题、有机-重金属复合污染场地协同治理理论与关键技术、气候变化背景下的流域/区域环境演变规律及生态修复；⑤“一带一路”水资源安全与智慧管理理论和技术，包括变化环境下的水循环时空演变机理及模拟、极端洪涝与干旱灾害预测预报及风险评估、国际河流合作开发与综合管理、水系统协同演化、水资源系统智慧管理与调控等；⑥极地工程基础理论与关键技术，包括极地航行条件下的海冰力学行为、极区复杂环境载荷与结构物耦合动力学特性、新型破冰方法力学原理、极区海域冰山碰撞及冰区溢油灾害特征与围控原理、极地装备抗冰除冰理论与方法；⑦绿色智慧城市规划设计理论与技术，包括面向智慧城市的高密度建成空间规划设计方法、既有建筑绿色改造更新、健康建筑设计理论和方法、新型节能围护结构材料及环境控制末端；⑧具有全球竞争力的重载装备技术体系、轨道交通枢纽多模式客货转运技术与装备，以及轨距自适应跨国联运重载货运设备关键技术、智能船舶、极地航行船舶、船舶新型推进器、巨型船闸及升船机建设与安全运行保障、油气管道智能化理论与先进技术、新型特种管道研发理论与先进技术。

（三）重大瓶颈科技问题

包括：①城市规划与建筑设计原创理论方法和技术工具，包括彰显中国历史文化和山水人居环境的城市空间特色规划方法、建立本土化的建筑和城市设计理论及方法体系、探索具有中国特色的人居环境科学理论；②土木工程原创理论、方法、软件与规范标准体系，包括构建引领先进科技潮流的土木结构工程规范标准体系；③水资源科技原创关键理论、技术与设备，包括变化环境下更加复杂的水文循环和流域水资源问题，以及尚不完善的水资源高效开发利用基础认知与方法体系、我国水资源节约与开发的许多关键技术与设备高度依赖进口问题；④自主创新污水处理及回用技术，包括构建面向节能、低碳与资源回收的新型污水处理模式，开发针对不同回用途径的再生水制备技术；⑤交通工程重大瓶颈科技问题，包括铁路移动装备关键核心部件轻量化设计理论与技术、高铁健康监控系列传感器设计和批量制造平台、车-路一体化融合系统关键技术、新一代车用能源系统关键技术、内河绿色智能航运系统的基础科学问题、航天器动力学与控制自主软件设计开发、新一代跨域飞行器结构多场耦合机理及多学科一体化设计方法、地外空间出舱活动中的生命保障及工效学问题、纯氢输送管道理论与技术等。

四、本学科领域未来发展的有效资助机制及政策建议

针对自然科学基金资助政策和工程科学行业发展政策两个方面提出建议，以加快我国工程学科前沿和重点发展领域的突破，解决我国工程基础设施建设领域的一系列“卡脖子”技术和瓶颈问题，加速实现工程科学“可持续、高品质、绿色化、智能化”的发展目标。

在自然科学基金资助政策方面，相关资助机制及政策建议包括以下方面。①鼓励原始创新，突出平台建设和团队建设。通过完善探索性项目申请与评审通道、先小额经费支持后重点资助等措施“鼓励探索”；以加强对行业与学科引领者的关注和支持，注重科技项目立项指南的前瞻性、开放性、包容性、延续性等方式“突出原创”；针对重大前沿问题和国家重大战略需求，逐渐形成自由申报与国家战略需求相结合的模式，通过“共性导向”实现关键问题和

“卡脖子”技术的突破；通过革新资助方式、鼓励校企合作，促进工程学科“交叉融通”。②完善项目管理制度、创新成果和人才评价机制，包括完善同行评议和考评机制、注重立项的可持续性、鼓励数据共享、设置联合基金项目、建立国际项目征集机制、探索科研成果转化机制、完善项目验收考评办法、注重技术实质和成果内涵等，最终形成“出大成果、出系统成果、出专家”的项目管理机制以及科技成果和科技人才评价机制。

在工程科学行业发展政策方面，相关资助机制及政策建议包括：①优化工程项目的决策机制；②鼓励工程项目的整体承包模式，提倡注册建筑师进行工程项目的全过程管理；③加强城市规划设计，注重城市规划的公开性和强制性；④建立健全重大土木工程方案阶段的论证决策机制；⑤改革现有土木工程建设标准的编撰组织模式；⑥加强绿色城镇化的制度框架与规划战略研究；⑦加强智慧城市建设国家层面的顶层设计，突出地方政府引导和以市场为主；⑧加强政府、企业、个人之间的城市大数据共享机制，形成制度保障；⑨加强智慧城市建设技术标准规范制定，增强我国在全球领域的影响力；⑩切实强化流域/区域水生态空间保护；⑪加强生态友好水工程建设及生态调度；⑫大力开展陆域特别是农村面源污染控制和节水减排；⑬加快国家水资源管理信息系统建设与信息统计规范化管理；⑭加快水安全立法，完善水质标准；⑮推广公私合作模式参与城市水系统的改造、建设与管理；⑯建立基于大数据的城市水环境管理信息共享系统；⑰加速推进基于未来泛在网络的智能传感技术研发应用；⑱构建完全自主的综合交通系统信息模型；⑲加强建筑与基础设施全生命周期智能化研究和管理；⑳推进交通强国建设。

Abstract

This report is a general study of strategic planning in three major fields of engineering discipline: architecture and civil engineering, environment and traffic engineering, and water conservancy and marine engineering, including architecture and urban and rural human settlement, civil engineering, environmental engineering, traffic engineering, hydraulic engineering, and marine engineering.

1. Scientific significance and strategic value of this discipline field

Engineering discipline is based on natural sciences and uses the knowledge of natural sciences to study the operation law of man-made materials and systems. With the gradual integration of material science, information technology, artificial intelligence and other high and new technologies, multidisciplinary cross connection and integration has become an important development direction of engineering discipline, which also provides a constant impetus for the development of engineering discipline. At the same time, the development demand for engineering system and engineering discipline has also put forward more brand-new problems and challenges for basic natural science.

China has turned to the stage of high-quality development, but the problems of unbalanced and insufficient development are still prominent. The task of reforming key links in key areas is still arduous.

The innovation capacity does not meet the requirements of high-quality development. The gap between urban and rural regional development is large. Ecological and environmental protection has a long way to go. There are shortcomings in people's livelihood protection. And there are still weaknesses in social governance. Thus, there is an urgent need for engineering discipline to provide solutions to the above problems. Many goals, tasks, major strategies and major projects proposed in the Outline of the 14th Five-Year Plan(2021—2025) for National Economic and Social Development and the Long-Range Objectives Through the Year 2035 of the People's Republic of China (hereinafter referred to as the Outline) are closely related to the disciplines of architecture and civil engineering, environment and traffic engineering, water conservancy and marine engineering, which urgently need strong support and guarantee from the basic research of related engineering discipline. The "Double Carbon" goal and Opinions on the Complete and Accurate Implementation of the New Development Concept for Carbon Neutralization have put forward new requirements for the development direction of engineering disciplines, which will have an important impact on the future research of related disciplines.

2. Research characteristics and development rules of this discipline field

The research characteristics of engineering discipline includes the following aspects. (1) Engineering discipline takes natural sciences as the cornerstone and the integration of science and technology as the characteristics. With the development of human society, the functions and structures of engineering systems are becoming more and more complex, and engineering discipline is more and more rooted in a broad natural science foundation, while high and new technology plays an increasingly important role in engineering discipline. (2) Engineering discipline aims at realizing and guaranteeing system function and takes the challenge limits as the driving force of development. While designing, manufacturing, realizing and guaranteeing system function, they constantly challenge the limits of system function, performance, scale and environment. (3) Engineering discipline takes interdisciplinary intersection and integration as the source of innovation. The development of related disciplines and the continuous cross connection among them provide more and more new research directions for engineering discipline. For example, the cross-fusion of materials, information, transportation, environment, machinery, control and energy disciplines with architecture and civil engineering discipline has promoted basic innovative research; diversified disciplinary intersection and the introduction of new technologies such as big data and artificial intelligence have provided impetus for the original innovation of basic theories, the breakthroughs in disruptive technologies and the formulation of comprehensive solutions to complex environmental problems in the environmental engineering discipline; modern transportation systems rely on civil engineering, system and information science, behavior and control science, management science and other disciplines, showing the interdisciplinary nature originated in civil engineering and multidisciplinary integration.

The development rules of engineering discipline include the following aspects. (1) Complex systems promote the research of complex scientific problems in engineering discipline. With the development of giant complex engineering system, the coupling effect of the system becomes more and more significant, and the nonlinear behavior and mechanism of engineering systems and various nonlinear coupling put forward a lot of complexity scientific problems to engineering disciplines. (2) Safety and controllability are the core scientific problems of engineering discipline. Engineering systems serve in the natural environment and inevitably face the test of extremely harsh environment and natural disasters. Meanwhile, the complexity, diversity of functions, extremity of performance, uncertainty of environment, and limitation of science also bring hidden dangers to engineering systems, thus the designability, safety and controllability of systems become the most basic scientific problems of engineering discipline. (3) Sustainability is the development direction of engineering discipline. The global energy crisis, environmental degradation and resource shortage require human society to reflect on and adjust our own behavior patterns in order to maintain the sustainable development of economy and society. Engineering systems not only need to be improved and upgraded in a single link, but also need to be optimized synergistically from the whole life cycle of planning and design, production and construction, operation and service, and management and maintenance to provide key support for the sustainable development of society.

3. Key scientific issues, development ideas, development goals, and important research directions in this discipline field

Based on the current situation of China's engineering science field, the achievements made in recent years and the gap between domestic and foreign advanced level, and taking into account the major needs of China and relevant research frontiers at home and abroad, five scientific frontiers and key research directions of China's engineering discipline in the next 15 years are determined: (1) sustainable development of architecture and civil engineering; (2) environmental pollution control, ecological restoration and resource recycling; (3) comprehensive three-dimensional transportation network; (4) resource and energy demand-driven hydro science and marine engineering; (5) green and sustainable urbanization.

On this basis, focusing on the problems of resources, energy, environment and harmony between human beings and nature faced by human beings in the 21st century, facing the frontiers of international engineering science, and addressing the strategic needs of China's new urbanization, traffic power strategy and maritime power strategy and the development strategic goals of engineering disciplines in the next 15 years, six priority development fields, six major cross-research fields and eight international cooperative research fields of engineering discipline are determined.

The priority development fields are as follows. (1) Architecture and urban and rural habitat design principles and technology systems. It includes the theory and methods of green building design based on sustainable development, urban planning and design supported by advanced digital technology, methods and technologies of rural human settlement environment improvement and urban renewal, and regional architecture and urban design and cultural heritage protection technology. (2) Basic theory and key technologies of sustainable high performance civil engineering, including the basic theory and key technology of high-performance civil engineering structures under complex environment, theory and methods of multi-hazard effects and resilience of civil engineering, theory and technology of modern physical testing and numerical simulation of civil engineering, and theory and technology of comprehensive utilization and functional enhancement of engineering infrastructure. (3) Key theory and technology of environmental pollution control and ecosystem restoration, including water quality risk and control theory and technology, air composite pollution and control theory and technology, solid waste resource transformation and safe disposal theory and technology, regional composite pollution management and ecological restoration theory and technology, and eco-environmental system engineering and risk control theory and technology. (4) Transportation discipline innovation basic theory and key technology, including rail traffic and transportation engineering, road traffic, vehicle engineering, water transportation and transportation engineering, air transportation and transportation engineering, aerospace transportation engineering, pipeline transportation engineering, etc. (5) Basic scientific issues and key technologies in the intelligent management of water resources and the construction and safe operation of large water conservancy and hydropower engineering, including watershed hydrological response and water resources utilization and wisdom management, watershed ecosystem health theory and water conservancy project impact mechanism, the impact of major water conservancy projects on the evolution of river systems, geotechnical engineering and water conservancy and hydropower project disaster change and prevention and control under complex conditions, and comprehensive water conservation, efficient water use and unconventional water resources development and utilization technology. (6) Basic theories and frontier technologies of marine engineering, including the sustainable use and protection and restoration of zone resources, and smart ocean and intelligent equipment key technology.

The major cross-research fields are as follows. (1) Basic theory and key technology of intelligent civil engineering, including intelligent building and civil engineering design with the application of modern information technology, intelligent production of building components based on man-machine integration, intelligent construction and operation and maintenance of building and civil engineering, and intelligent disaster prevention and mitigation of building and civil engineering. (2) Urban science in environmental change, including environmental role model of engineering structure and engineering system, medium- and long-scale disaster risk analysis method of large-scale engineering systems, key technology and method of green village and town construction based on rural revitalization strategy, theory and key technology of intelligent city construction based on the whole industry chain, and supply and demand balance mechanism and network traffic flow regulation theory of urban transportation system. (3) Theory and key technology of environmental safety and security, including multi-media, multi-interface and multi-scale pollution control principles and methods, pollutant directional transformation mechanism and micro-process monitoring, and regional environmental pollution control and ecological restoration. (4) Basic theory of water system science and water security and key technology of deep-sea equipment, including data water system science and water security, deep-sea space station and new submersible, deep-sea equipment model test, field test and offshore installation technology, and the structure safety and risk analysis of deep-sea marine engineering. (5) Key technology of smart city construction, including urban ubiquitous sensing network and its integration technology, virtual urban environment real-time construction and dynamic expression technology, urban data spatial semantic association fusion and data-mining technology, urban spatial simulation and optimization technology, and human behavior analysis-based urban operation optimization and enhancement technology. (6) Major interdisciplinary research directions of transportation discipline, including the theoretical system of conductive high-speed magnetic transportation system engineering, vehicle-road integrated autonomous transportation system, pan-transportation efficient hydrogen-fueled engine, intelligent navigation and intelligent shipping system of ships, basic theory and key technology of advanced aircraft system, intelligent operation and supply assurance of large complex oil and gas pipeline network system, and planning and operation research of gas-electric coupled system.

The international cooperative research fields are as follows. (1) Basic theory and advanced technology of civil engineering disaster prevention and mitigation, including the basic theory and advanced technology of civil engineering structure and urban area seismic resistance, and the comprehensive ability of disaster prevention and mitigation of engineering structure under multiple extreme disaster conditions. (2) Theory and technology of high performance bridge and tunnel infrastructure design and construction to meet the needs of the Belt and Road initiative, including high performance bridge and tunnel structure systems to adapt to different complex and harsh environments, and bridge and tunnel structure reliability research under complex and harsh environment. (3) Rock and soil mechanics and engineering technology under extreme environmental conditions, including geotechnical engineering problems under extreme climate and extreme disaster environment, Rock and soil mechanics and engineering problems in “deep space”, “deep sea”, and “deep earth”, and ecological geotechnical engineering problems. (4) Composite pollution control and environmental ecological restoration, including ultra-short process water purification theory and combined process, atmospheric composite pollution and climate change synergistic response to key basic scientific issues, organic-heavy metal composite pollution site synergistic governance theory and key technologies, and watershed/regional environmental evolution and ecological restoration in the context of climate change. (5) Water security and wisdom management in the Belt and Road initiative, including spatial and temporal evolution mechanism and simulation of water cycle in changing environment, extreme flood and drought prediction and risk assessment, international river cooperation development and integrated management, water system synergistic evolution, intelligent management and regulation of water resource system, and so on. (6) Basic theory and key technology of polar engineering, including mechanics behavior of the sea ice under polar navigation conditions, polar area complex environmental load and structure coupling dynamics, new ice breaking method mechanics, polar area sea iceberg collision and ice area oil spill disaster characteristics and control principle, and polar equipment anti-ice and deicing theory and method. (7) Green smart city planning and design, including high-density completed space planning and design methods for smart cities, green renovation and update of existing buildings, theory and methods of the health buildings design, and new energy-saving building materials and environmental control end. (8) Globally competitive heavy-duty equipment technology system, multi-mode passenger and cargo transfer technology and equipment for rail transit hubs, key technologies for rail gauge adaptive multinational intermodal heavy-duty freight equipment, intelligent ships, polar navigation ships, new type of propeller for ships, construction and safe operation guarantee of giant locks and ship lifts, intelligent theory and advanced technology of oil and gas pipelines, and theory and advanced technology of research and development of new type of special pipelines.

The major bottlenecks of science and technology in engineering discipline are as follows. (1) Original theoretical methods and technical tools for urban planning and architectural design, including the planning methods of urban space characteristics that highlight Chinese history and culture and human settlement environment, establishing localized architecture and urban design theories and method systems, and exploring scientific theories of habitat with Chinese characteristics. (2) Original theories, methods, software and specification standard systems for civil engineering, including the construction of advanced technology trend-setting civil and structural engineering specification standard system. (3) Original key theories, technologies and equipment of water resources science and technology, including the more complex hydrological cycle and watershed water resources under the changing environment and the imperfect basic cognitive and methodological system for efficient development and utilization of water resources. And many key technologies and equipment for water resources conservation and development in China are highly dependent on imports. (4) Independent innovation of sewage treatment and reuse technology, including the construction of energy-saving, low-carbon and resource recovery of new sewage treatment model, and the development of different reuse paths for the preparation technology of recycled water. (5) Major bottlenecks in traffic engineering science and technology issues, including the theory and technology of lightweight design of key core components of railroad mobile equipment, design and batch manufacturing platform of high-speed railway health monitoring series sensors, key technology of vehicle-road integration system, key technology of new generation vehicle energy system, basic science issues of the inland river green intelligent shipping system, autonomous software design and development of spacecraft dynamics and control, multi-field coupling mechanism and multidisciplinary integrated design method of new generation cross-domain vehicle structure, life support and ergonomics in extra-terrestrial space exit activities, theory and technology of the pure hydrogen transport pipeline, and so on.

4. Effective funding mechanism and policy suggestions for the future development of this discipline area

Suggestions are made for the funding policy of natural science foundation and the development policy of the engineering science industry, so as to accelerate the breakthroughs in the frontier and key development fields of engineering discipline in China, solve a series of stranglehold technologies and bottlenecks in the field of engineering infrastructure construction in China, and accelerate the realization of "sustainablility, high quality, greening, intelligence" development goal of engineering discipline.

As for the funding policy of the natural science foundation: (1) Encourage original innovation and highlight platform construction and team building. Encourage exploration by improving the application and evaluation channels for exploratory projects, and encouraging exploration by first providing small financial support and then key funding. Highlight originality by strengthening the attention and support of the leaders and focusing on the foresight, openness, inclusiveness and continuity of the project of science and technology projects. Aiming at major frontier issues and major national strategic needs, gradually form a model combining free declaration and national strategic needs to achieve breakthroughs in key issues and stranglehold technologies through common orientation. Through innovating funding methods and encouraging university-enterprise cooperation, promote cross integration of engineering disciplines. (2) Improve the project management system and innovate the evaluation mechanism of achievements and talents. This includes improving peer review and evaluation mechanism, focusing on the sustainability of projects, encouraging data sharing, setting up joint fund projects, establishing international project solicitation mechanism, exploring scientific research result transformation mechanism, improving project acceptance and evaluation methods, focusing on technical substance and result connotation, and so on, so as to finally form a project management mechanism and evaluation mechanism of "great achievements, systematic results and experts" of scientific and technological achievements and scientific and technological talents.

As for the development policies of the engineering science industry, the following funding mechanism and policy suggestions can be adopted. (1) Optimize the decision-making mechanism of engineering projects; (2) Encourage the overall contracting mode of engineering projects and advocate registered architects to carry out the whole process management of engineering projects; (3) Strengthen the openness and compulsory nature of urban planning; (4) Establish and improve the mechanism of demonstration and decision-making at the stage of major civil engineering programs; (5) Reform the organization mode of compilation and organization of existing civil engineering construction standards; (6) Strengthen the institutional framework and planning strategy research of green urbanization; (7) Strengthen the top-level design of smart city construction at the national level, highlighting local government guidance and market leading; (8) Strengthen the urban big data sharing mechanism among government, enterprises and individuals; (9) Strengthen the development of technical standards and specifications for smart city construction; (10) Effectively strengthen the protection of watershed/regional water ecological space; (11) Strengthen the construction of eco-friendly water projects and ecological scheduling; (12) Vigorously carry out land-based pollution control and water conservation and emission reduction, especially in rural areas; (13) Accelerate the construction of national water resources management information systems and standardized management of information statistics; (14) Accelerate water safety legislation and improve water quality standards; (15) Promote public-private partnership model to participate in the renovation, construction and management of urban water systems; (16) Establish an urban water environment management information sharing system based on big data; (17) Accelerate the development and application of intelligent sensing technologies based on future ubiquitous networks; (18) Build a fully autonomous integrated transportation model system; (19) Strengthen the intelligent research and management of the whole life cycle of buildings and infrastructure; (20) Promote a series of policy recommendations of the construction of traffic power.

目　　录

第一章 科学意义与战略价值

工程学科是研究人造物质与系统（包括其伴生的有害物质）的制造、工作原理、行为调控原理以及与自然界相互作用规律的科学与技术，是联系自然界与人类社会的桥梁。

工程学科涵盖的范围非常广泛。本书是工程学科中建筑与土木工程、环境与交通工程、水利与海洋工程三大领域战略规划的总体研究报告（本书以下所述内容若非特别指明，均指这三个领域），包括建筑学与城乡人居环境、土木工程、环境工程、交通工程、水利工程、海洋工程等多个分支学科的内容。

第一节　工程学科的科学意义

工程学科描述多种自然科学机制集成为人造物质与系统的原理，并利用自然科学知识揭示和描述人造物质与系统的行为规律。

随着工程系统的功能和结构越来越复杂，材料科学、信息技术、人工智能等高新技术逐渐广泛融合于工程学科中，同时工程学科也越来越植根于宽广的自然科学基础，并形成相互促进或牵动发展的趋势。因此，植根于自然科学基础的工程学科兼具显著的技术特性，是科学和技术的高度融合。

复杂工程系统集多参量、多介质、多尺度、能量与物质转换的多样性、信息的多通道流动性，以及感知、控制、驱动、执行等多功能特性于一体，推动着工程学科向多学科交叉融合集成的方向发展。相关学科的发展（包括材料、信息、机械、控制、能源、人工智能、管理等）和不断地与工程学科的交叉融合为工程学科的发展提供了源源不断的动力，工程学科内部（包括建筑、土木、环境、交通、水利、海洋等）的交叉也不断强化。

另外，工程系统和工程学科的发展需求也为其所依赖的基础自然科学提出了更多全新的问题和挑战，从而显著促进了自然科学的发展。

第二节　工程学科的战略价值

2021年3月11日，第十三届全国人民代表大会第四次会议通过了《纲要》，其中指出以下事项（新华社，2021a）。

（1）当前和今后一个时期，我国发展仍然处于重要战略机遇期，但机遇和挑战都有新的发展变化。当今世界正经历百年未有之大变局，新一轮科技革命和产业变革深入发展，国际力量对比深刻调整，和平与发展仍然是时代主题，人类命运共同体理念深入人心。同时，国际环境日趋复杂，不稳定性不确定性明显增加，新冠肺炎疫情影响广泛深远，世界经济陷入低迷期，经济全球化遭遇逆流，全球能源供需版图深刻变革，国际经济政治格局复杂多变，世界进入动荡变革期，单边主义、保护主义、霸权主义对世界和平与发展构成威胁。

（2）我国已转向高质量发展阶段，但我国发展不平衡不充分问题仍然突出，重点领域关键环节改革任务仍然艰巨，创新能力不适应高质量发展要求，农业基础还不稳固，城乡区域发展和收入分配差距较大，生态环保任重道远，民生保障存在短板，社会治理还有弱项。

（3）展望 2035 年，我国将基本实现社会主义现代化。经济实力、科技实力、综合国力将大幅跃升，经济总量和城乡居民人均收入将再迈上新的大台阶，关键核心技术实现重大突破，进入创新型国家前列。基本实现新型工业化、信息化、城镇化、农业现代化，建成现代化经济体系。广泛形成绿色生产生活方式，碳排放达峰后稳中有降，生态环境根本好转，美丽中国建设目标基本实现。城乡区域发展差距和居民生活水平差距显著缩小。

我国改革开放四十余年，经济取得了令世人瞩目的巨大成就，工程科学技术因其能够直接转化为生产力而对我国国民经济的发展做出了突出的贡献。但当前我国在关键技术、核心装备和专业软件等方面还处于相对落后的地位，生产活动的资源能源消耗大、环境污染严重。

上述问题的解决和目标的实现，迫切需要工程学科实现跨越式发展，从而为我国经济和社会高速、高质量、高效、可持续发展提供坚实的科技支撑。

一、对我国“十四五”规划和2035年远景目标的战略价值

《纲要》中有很多目标和任务均与工程学科密切相关，迫切需要相关学科给予强有力的支撑和保障，具体包括以下方面。

（1）建设现代化基础设施体系，加快建设新型基础设施；加快建设交通强国；构建现代能源体系；加强水利基础设施建设。

（2）加快数字社会建设步伐，建设智慧城市和数字乡村。

（3）坚持农业农村优先发展，全面推进乡村振兴，强化乡村建设的规划引领，提升乡村基础设施和公共服务水平。

（4）完善新型城镇化战略，提升城镇化发展质量；完善城镇化空间布局；全面提升城市品质。

（5）积极拓展海洋经济发展空间。

（6）持续改善环境质量，深入打好污染防治攻坚战，建立健全环境治理体系，推进精准、科学、依法、系统治污，协同推进减污降碳，不断改善空气、水环境质量，有效管控土壤污染风险。

（7）加快发展方式绿色转型，坚持生态优先、绿色发展，推进资源总量管理、科学配置、全面节约、循环利用，协同推进经济高质量发展和生态环境高水平保护。

（8）推动共建“一带一路”高质量发展，推进基础设施互联互通。

（9）全面提高公共安全保障能力，实施公共基础设施安全加固和自然灾害防治能力提升工程。

此外，《纲要》中提出的国家重大战略需求和重大工程建设，也对相关学科的基础研究提出了迫切的需求。例如，京津冀、长

三角、珠三角、成渝、长江中游等城市群一体化发展，以县城为重要载体的城镇化建设和乡村建设行动等与建筑学和城乡人居环境设计研究；川藏铁路、核电站、高铁等大型复杂基础设施建设与高性能土木工程研究；青藏高原生态屏障区、长江黄河重点生态区等生态屏障建设与生态系统修复；大气污染物减排、水污染防治等环境保护工程与环境污染控制研究；长江经济带建设与保护、黄河流域生态环境保护与高质量发展、国家水网建设与水资源高效利用和流域生态环境保护研究；雅鲁藏布江下游水电开发与工程安全研究；交通强国建设工程、智能交通工程、航空发动机、新能源汽车等与交通学科研究；建设现代海洋产业体系、打造可持续海洋生态环境与海洋工程研究。

二、对我国做好碳达峰、碳中和工作的战略价值

2020 年 9 月 22 日，国家主席习近平在第七十五届联合国大会一般性辩论上的讲话中宣布，中国“二氧化碳排放力争于 2030 年前达到峰值，努力争取 2060 年前实现碳中和”（新华社，2020）。2021 年 10 月 24 日，中共中央、国务院发布的《意见》（新华社，2021b），要求把碳达峰、碳中和纳入经济社会发展全局，以经济社会发展全面绿色转型为引领，以能源绿色低碳发展为关键，加快形成节约资源和保护环境的产业结构、生产方式、生活方式、空间格局，坚定不移走生态优先、绿色低碳的高质量发展道路，确保如期实现碳达峰、碳中和。

《意见》中提到相关目标包括：到 2030 年，经济社会发展全面绿色转型取得显著成效，重点耗能行业能源利用效率达到国际先进水平。单位国内生产总值能耗大幅下降；单位国内生产总值

二氧化碳排放比 2005 年下降 65% 以上；非化石能源消费比重达到 25% 左右，风电、太阳能发电总装机容量达到 12 亿 kW 以上；森林覆盖率达到 25% 左右，森林蓄积量达到 190 亿 m^3，二氧化碳排放量达到峰值并实现稳中有降。到 2060 年，绿色低碳循环发展的经济体系和清洁低碳安全高效的能源体系全面建立，能源利用效率达到国际先进水平，非化石能源消费比重达到 80% 以上，碳中和目标顺利实现，生态文明建设取得丰硕成果，开创人与自然和谐共生新境界。

《意见》还指出以下方面的内容。

（1）深度调整产业结构，包括：推动产业结构优化升级，坚决遏制高耗能高排放项目盲目发展，大力发展绿色低碳产业。

（2）加快构建清洁低碳安全高效能源体系，包括：强化能源消费强度和总量双控，大幅提升能源利用效率，严格控制化石能源消费，积极发展非化石能源，深化能源体制机制改革。

（3）加快推进低碳交通运输体系建设，包括：优化交通运输结构，推广节能低碳型交通工具，积极引导低碳出行。

（4）提升城乡建设绿色低碳发展质量，包括以下几个方面。①推进城乡建设和管理模式低碳转型，推动城市组团式发展，合理规划城镇建筑面积发展目标，严格管控高能耗公共建筑建设，实施工程建设全过程绿色建造，加快推进绿色社区建设。结合实施乡村建设行动，推进县城和农村绿色低碳发展。②大力发展节能低碳建筑。持续提高新建建筑节能标准，大力推进城镇既有建筑和市政基础设施节能改造，逐步开展建筑能耗限额管理，全面推广绿色低碳建材，发展绿色农房。③加快优化建筑用能结构。

（5）持续巩固提升碳汇能力，包括：巩固生态系统碳汇能力，提升生态系统碳汇增量。

“双碳”目标及《意见》中的上述内容，对建筑与土木工程、环境与交通工程、水利与海洋工程学科的发展方向提出了全新的要求，上述具体意见将对相关学科未来的研究产生重要影响。

下面详细分析各工程学科对实施国家科技发展规划及“双碳”目标的支撑作用。

三、可持续建筑与土木工程有助于实现社会可持续发展

我国史无前例的城镇化进程与规模宏大的工程基础设施建设，给建筑与土木工程学科的发展带来了前所未有的机遇和挑战。新时代中国新型城镇化将进入绿色化、智慧化、宜居化、共享化的历史发展新阶段，乡村振兴、雄安新区建设、粤港澳大湾区建设、海洋强国、交通强国等国家重大战略的实施对建筑与土木工程学科提出了新的巨大需求，可持续发展社会的建设压力和人口红利的减退迫切需要传统土木工程行业的变革和创新，人工智能、先进材料等学科的突破为建筑与土木工程学科的发展提供了全新的机遇，同时中美贸易摩擦等国际形势变化对建筑与土木工程学科的短板领域和“卡脖子”技术突破提出了严峻的挑战。

总之，中国经济社会的可持续发展对建筑与土木工程学科提出了“可持续、高品质、低碳化、智能化”发展的更高需求，具体包括以下方面。

（一）可持续发展理念促进建筑与土木工程学科的变革

全球性的能源危机、环境恶化及资源短缺，要求人类社会反思和调整自身的行为模式，以保持经济社会的可持续发展（United Nations，1987）。研究建立可持续发展背景下的建筑学与人居环

境理论体系以及建筑-人-环境综合评价体系，已成为当务之急。建筑学科正面临全新的发展形势，具体体现在城镇化进入中后期的转型发展、基于可持续性的绿色建筑、乡村振兴战略下的宜居村镇建设、大数据和人工智能引领的新一代设计思想、文化传承和遗产保护的逐步科学化及其与土木工程学科的交叉研究等方面。

2015～2035年，城镇化进程将带来能源资源的大量消耗以及与其相伴的巨大污染物及温室气体排放压力，其中土木工程建设是重要诱因之一。土木工程学科的发展，在很大程度上决定着可持续发展和低碳社会的建设成效，进而可以决定我国经济增长方式的转变以及未来国民经济整体发展的速度和质量。土木工程学科将通过不断创新，努力实现“节能、节地、节水、节材和环境保护”的目标，为“双碳”目标的实现提供重要科技支撑。

（二）新型城镇化建设对城镇化品质提升提出迫切要求

中国在经历了四十余年大规模城镇化快速发展后，正逐步进入城镇化的新阶段。按照国际城镇化进程的一般规律，未来20～30年，中国城镇化发展仍有较大空间，人口流动依然充沛，城市格局持续变迁，城镇化与城市发展将面临继续高速增长的机遇与新型精细化发展的挑战并存的局面。进入新时代，习近平总书记指出，“坚持人与自然和谐共生”“实施区域协调发展战略”“建设美丽中国”“形成绿色发展方式和生活方式”“以城市群为主体构建大中小城市和小城镇协调发展的城镇格局”等（习近平，2017），这将加速中国新型城镇化进入绿色化、智慧化、宜居化、共享化的历史发展新阶段。如何通过建筑学与人居环境科技及土木工程科技创新提高城镇土地利用率、提升城镇生活空间的生态宜居程度、减少城镇化过程中的资源消耗等，为城镇化品质提升提供核心关键科学技术，将成为新型城镇化建设背景下建筑与土木工程学科需要面对的重要命题。

（三）“一带一路”倡议为土木工程学科发展提供新的机遇

推进“一带一路”建设将把基础设施的互联互通作为优先发展领域，通过加强各国之间基础设施建设的规划和技术标准体系的对接，逐步形成连接亚洲各区域以及亚非欧之间的基础设施网络。一方面，国内大规模基础设施建设所积累的土木工程技术发展方面的宝贵经验和最新科技成果，将为“一带一路”倡议实施过程中的基础设施建设提供强有力的支撑保障，并将在世界范围内更广泛地展示我国土木工程学科的科技成就，促进我国土木工程科技国际竞争力的提升；另一方面，在“一带一路”建设中合理协调各国资源禀赋的差异、考虑气候变化的影响、强化绿色建造和运营管理等将是土木工程学科面临的新挑战。

（四）人口红利减退迫使土木工程行业向智能化、工业化方向发展

2013 年我国劳动人口数量达到峰值后逐年下降，与此同时劳动力价格不断攀升，传统土木工程行业因劳动力供给充足、成本低廉带来的经济增长效益（人口红利）将不再延续。土木工程行业持续发展的动力将逐步依赖科技进步和产业结构的转型升级，促使土木工程行业向智能化、工业化方向发展，从而促进劳动生产率大幅提高，降低人力成本，加快建设速度，助推土木工程行

业由劳动粗放型向技术密集型转化，并将快速走向质量效益型道路（陆杰华和郭冉，2016）。

（五）多学科交叉融合助推建筑与土木工程学科创新发展

建筑与土木工程学科是传统工程学科，多学科交叉融合将为学科发展注入新的活力。建筑与数字技术、建筑与基础设施、建筑与交通、建筑与城市等交叉融合和集成创新，将形成建筑学科具有差异化的整合和重构式发展；先进材料科学与土木工程的有机融合，将引发高性能土木工程的革命；先进自动化技术、信息技术、机械技术与土木工程的有机融合，将实现土木工程建造过程的自动化与智能化，土木工程行业的工业化程度将显著提升；先进计算技术、控制技术、电子技术、网络技术与土木工程的有机融合，将推动现代土木工程物理与数值模拟方法以及性能监测与评估技术的深度发展。此外，与能源、海洋、国防等领域重大工程需求的深度结合，将催生新的学科增长点，成为建筑与土木工程学科发展的不竭动力。

（六）国际形势变化要求建筑与土木工程学科原始创新能力提升

几十年来尤其是21世纪以来，伴随着中国快速的城镇化进程，建筑科技水平明显提升，重大工程建设取得了举世瞩目的成就，建筑与土木工程领域的科技发展已经在国际上形成“并跑”和部分“领跑”的基本格局。同时，我们必须清醒地认识到，满足新型城镇化需求的原始创新能力依然不足，原始创新体系建设亟待加强。随着国际形势的变化，尤其是伴随着中美贸易摩擦，以美国为代表的发达国家对我国的技术封锁越来越严重，建筑与土木工程学科面临诸多短板领域和“卡脖子”技术的严峻挑战，具有自主知识产权的试验技术装备、分析和设计软件严重匮乏，技术标准体系的国际影响力显著不足，这些都要求建筑与土木工程学科的原始创新能力提升。

四、环境污染控制、生态系统修复与资源循环利用是实现人与自然和谐共生的直接途径

环境污染和生态环境破坏的治理是全世界面临的严峻问题。我国粗放式的工业发展模式，导致我国环境污染具有问题的特殊性和解决问题的紧迫性，即大量污染现象在短时期内集中涌现，原有污染物与新出现的污染物同时并存，污染风险控制能力还无法满足环境治理改善的需求。

我国环境问题的特殊性、复杂性和解决环境问题的紧迫性，对环境工程学科的快速发展提出了迫切需求。在当前全面推进生态文明建设和碳达峰、碳中和的新形势下，环境工程学科的发展面临前所未有的机遇和挑战。

（一）复合污染物和多介质污染物的协同控制成为主要发展方向

环境污染物种类不断增加，新型污染物不断涌现，复合型污染特征日益凸显。同时，不同环境介质间的污染物相互交织、相互影响。因此，关注单一污染物在单一环境介质中的污染形成机制与控制原理，已不能满足日益复杂的环境污染治理需求，复合污染物多介质协同控制理论与技术已成为环境工程的主要发展方向。具体分为两个维度。第一个维度重点研究水、气、土单一环境介质复合污染形成与关键风险识别及协同控制，其中很重要的

是水体的复合污染，尤其是饮用水复合污染的控制，这对人体健康很重要（顾锦龙，2013）。针对国际上的“未来城市建设”（Cities of the Future）计划强调的“5R”策略［即“补给”（replenish）水体及其生态系统，“减少”（reduce）水和能源的使用，分质“再利用”（reuse）水资源，从废水中“回收”（recover）能量和资源并“循环利用”（recycle）有价值的材料］，再生水复合污染的控制更为重要，其中水循环是影响全球生态系统的关键因素。第二个维度强调多介质污染物的协同控制，强调水、土、气的多介质界面的协同，关键是揭示水、土、气界面的污染物转移转化与环境风险形成的规律，发展基于自然体系的复合污染低能耗经济有效的控制技术。

（二）环境风险控制与生态安全保障成为新的发展需求

我国环境治理的目标已经从常规污染物排放量削减向环境质量改善、环境风险控制与生态安全保障发展。因此，高风险污染物识别、风险产生机制与控制原理，污染物全生命周期分析，生态修复与安全保障理论、方法和技术成为新的发展需求。此外，在全球“双碳”背景下，发展低碳、节能、环保的环境高风险物质识别与风险评估，以及关键风险控制是新的发展需求。

（三）清洁生产和资源循环利用新理论与新技术越来越受到重视

低效高耗的环境污染末端治理模式，已不符合我国社会经济高质量发展的新需求，污染物全流程防控、源头减排、资源循环利用、能源高效利用的理论与技术突破越来越受到重视。

（四）新兴学科的深入交叉与深度融合为理论创新提供强劲动力

环境工程学科基础理论与前沿技术的发展与现代生物学、新兴材料科学、化学、信息学等的交叉融合越来越深入和紧密。多元化的学科交叉和大数据、人工智能等新技术的引入为环境工程学科基础理论的原始创新、颠覆性技术的突破和多尺度、跨介质生态环境问题综合解决方案的制定提供了强劲动力。

（五）微观解析与宏观模拟为环境污染控制研究提供新的方法和先进手段

污染物迁移转化研究方法向电子转移跟踪、超微结构解析、微纳米界面观测发展，污染物健康风险研究方法向分子标记和干细胞模拟方向发展，环境模拟方法向区域模拟、流域模拟和全球尺度模拟发展。这些新的发展，为环境污染控制研究提供了新的方法和先进手段。

五、交通运输对经济社会发展具有重要的支撑和引领作用

（一）轨道交通与运载工程

轨道交通学科发展已纳入国家战略。《纲要》在第三十一章“深入实施区域重大战略”第二节“全面推动长江经济带发展”中明确提出“加快沿江高铁和货运铁路建设”；在第三十九章“加快发展方式绿色转型”第三节“大力发展绿色经济”中提出，“加快大宗货物和中长途货物运输‘公转铁’”（新华社，2021a）。《交通强国建设纲要》中明确提出：“合理统筹安排时速 600 公里级高速

磁悬浮系统、时速400公里级高速轮轨（含可变轨距）客运列车系统、低真空管（隧）道高速列车等技术储备研发。”“实现3万吨级重载列车、时速250公里级高速轮轨货运列车等方面的重大突破。”（新华社，2019）《中长期铁路网规划》指出：“远期铁路网规模将达到20万公里左右，其中高速铁路4.5万公里左右。”（国家发展改革委等，2016）

轨道交通学科是机械、土木、电气、计算机、通信、信号、运输等学科的集成，其技术革新有力地带动了相关学科的创新发展。进一步地，轨道交通学科有力地促进了人工智能、新材料、新能源、物联网、区块链等高新技术的深度融合与落地转化。轨道交通科技是国家科技体系的重要组成部分，是众多领域科技创新的需求引领者，是数据、计算、网络、智能、能源和材料等领域新兴使能/赋能技术与颠覆性技术的重点应用领域。轨道交通是加快交通强国建设和推进“一带一路”倡议的重要支撑。高端轨道交通产品是中国装备“走出去”的代表作。作为中国高端装备的“金名片”，“制造强国”“交通强国”“新型城镇化”等国家战略、“战略性新兴产业”发展规划、“川藏铁路”重大工程、“一带一路”倡议都将推动先进轨道交通装备创新发展作为落地的重点内容。

轨道交通运输系统是国家重要的基础设施、国民经济的大动脉、交通运输体系的骨干。铁路是国家重要基础设施、国民经济大动脉和大众化交通工具。截至2020年底，全国铁路营业里程达到14.6万km，电气化率为72.8%，完成货物总发送量45.52亿t，全年完成旅客发送量22.03亿人，城市轨道交通运营里程7354.7 km，完成轨道交通客运量175.9亿人（交通运输部，2021）。轨道交通发展提高了人民的幸福感，对社会经济高质量发展和国防建设起着不可替代的全局性支撑作用。

（二）道路交通

道路交通是我国社会经济安全高效运行的主动脉。道路交通承担了全国近75%的客运量与货运量，是综合交通体系下完整出行不可或缺的环节（交通运输部，2021）。另外，道路交通是灾害救援与国防安全的生命线。据自然资源部统计，我国有50%以上的人口生活在气象、地震、地质、海洋等自然灾害严重地区。以汶川地震为例，因为道路交通受损，导致无法及时救援，造成了大量的人员伤亡和财产损失（中华人民共和国国务院新闻办公室，2009）。安全、高效的道路交通系统是保障经济社会发展的基础和关键。

此外，在军民融合背景下，道路交通是全地域、全天候、全链条国家战略投送能力的核心支撑。战备时可以用道路交通开展坦克等重装备的运输，也可以利用道路开展战机的起降，且战争时期道路交通的非常态交通管控重要性大。道路交通也是科技创新与产业变革的探路者。新一代信息技术、先进制造技术、安全绿色技术等都是依托道路交通先行先试。

2019年，中共中央、国务院印发《交通强国建设纲要》，聚焦道路交通的高质量发展，围绕“建成人民满意、保障有力、世界前列的交通强国”的战略目标，聚焦道路交通系统的综合立体规划、出行服务、协同管控、智能运维、风险防控和绿色发展等重点科技发展任务。此外，道路交通领域的科技发展也是多项相关领域国家战略的共同聚焦点。在《智能汽车创新发展战略》中要求“完善测试评价技术”“建设智慧道路及新一代国家交通控制网”（国家发展改革委等，2020）。在《新一代人工智能发展规划》中明确了建立营运车辆自动驾驶与车路协同的技术体系，建成覆盖地面、轨道、低空和海上的智能交通监控、管理和服务系统的要求（国务院，2017）。在“双碳”目标方面，明确了构建绿色高效交通运输体系，发展智能交通，打造高效衔接、快捷、舒适的公共交通服务体系的要求（国务院，2021）。

（三）车辆工程

2021年，习近平总书记在中国科学院第二十次院士大会、中国工程院第十五次院士大会、中国科协第十次全国代表大会的讲话中强调指出：“现代工程和技术科学是科学原理和产业发展、工程研制之间不可缺少的桥梁，在现代科学技术体系中发挥着关键作用。要大力加强多学科融合的现代工程和技术科学研究，带动基础科学和工程技术发展，形成完整的现代科学技术体系。”（习近平，2021）同时指出，“高端产业取得新突破”“新能源汽车加快发展”（习近平，2021）。可见，车辆工程作为重要的高端产业和现代技术科学，在我国经济发展和学科发展布局中具有重要战略地位。《交通强国建设纲要》《“十三五”国家战略性新兴产业发展规划》等也指出要加强新能源汽车、智能网联汽车研发，车辆工程学科的地位多次得到彰显。

车辆工程以自然科学为基础，研究车辆设计与优化、车辆系统动力学、车辆动力传动与能源系统、车辆系统智能化与运用等方面的关键科学问题和工程难题，在我国总体学科发展中占据重要的地位。车辆工程的发展成果可以支撑机械工程、交通运输工程、动力工程及工程热物理三个一级学科的发展，也可以支撑绿色智能制造新兴交叉学科和新工科专业的发展。

车辆产业是国民经济的核心支柱，车辆相关产业税收占全国税收比连续多年超过 10%，车辆相关从业人员占全国城镇就业人数比连续多年超过 10%，车辆相关产业销售额占全国商品零售额比连续多年超过 10%（工业和信息化部等，2017）。发展车辆工程学科，有利于我国汽车产业的基础能力提升和转型升级，增强新一轮科技革命和产业变革引领能力，培育机械、交通、电子、通信等国民经济支柱产业发挥新优势，培育数字经济，壮大经济增长新动能；有利于加快制造强国、科技强国、网络强国、交通强国、数字中国、智慧社会建设，增强新时代国家综合实力；有利于保障生命安全，提高交通效率，促进节能减排，增进人民福祉。

（四）水路交通与运载工程

水路运输在交通运输体系中发挥着无法替代的作用，是我国沟通国内外的重要桥梁和融入经济全球化的战略通道，有力地保障了经济社会的持续健康发展。2020 年，水路货物运输量、货物周转量在铁路、水路、公路和民航组成的综合运输体系中分别占 16.4% 和 53.8%（交通运输部，2021）。内河干线和沿海水运在“北煤南运”、“北粮南运”和油矿中转等大宗货物运输中发挥了主通道作用，对产业布局调整和区域经济发展发挥了重要作用。近年来，水路运输在港口和远洋运输方面更是发展迅速，我国已发展成为世界港口大国、航运大国和集装箱运输大国。水路运输承担了 90% 以上的外贸货物运输量，其中 95% 的原油运输和 99% 的铁矿石运输都是通过水路运输来完成的（张金奋，2013）。

（五）航空交通与运载工程

航空交通与运载工程学科涉及制造、控制、能源、材料、环境、交通、数学、计算机、管理等多学科领域交叉融合，通过开展由人、机、物、环境、信息等多元要素构成的复杂航空交通系统的设计适航、规划管理、运行控制、运维保障等理论方法研究，以及技术装备研制与综合验证应用，增强航空交通与运载工具的设计、制造、运营、服务等全生命周期管理能力，探究航空交通系统各要素的内在作用机制与最优配置策略，实现航空交通活动的安全、高效、绿色和经济运行，支撑水陆空天立体化交通科学体系发展，带动新材料技术、新制造技术、新能源技术、信息技术、系统工程等其他学科领域发展。

航空交通与运载工程学科发展面向《国家中长期科学和技术发展规划纲要（2006—2020年）》中的“新一代空中交通管理系统”优先主题（中华人民共和国国务院，2006），紧跟民航2035科技规划发展趋势，落实国家“大飞机”战略、航空发动机和燃气轮机重大专项（“两机”重大专项）以及民航/空管行业五年发展规划要求，其可持续、健康和快速发展可有效支撑国家诸多重大战略的推进与实施（中国民用航空局等，2022）。航空运载工程、航空交通与国防现代化建设在更广范围、更高层次、更深程度上实现有机结合，将为制造强国建设、民航强国建设、“一带一路”、长三角一体化发展、京津冀协同发展、粤港澳大湾区建设、碳达峰碳中和等的推进实施提供关键支撑。另外，航空交通与运载工程领域技术更新与设备升级的迫切需求将为5G、北斗导航卫星系统、“云大物移智链”（云计算、大数据、物联网、移动互联网、人工智能、区块链）等新一代技术的落地应用及其与航空交通管理技术的不断深度融合提供良好契机。

航空交通与运载工程作为国家综合交通运输体系、国家空域系统、国家应急体系的重要支撑，未来必将是全球航空大国博弈的焦点，也是航空产业由大到强的关键发力点，其学科发展水平不仅可以体现一个国家的综合国力，而且能够反映一个国家科技、国防和经济的现代化水平。

（六）航天运载工程

航天运载工程是伴随航天技术发展而形成并不断完善的重要学科领域。航天器的极端飞行环境及特殊设计需求，持续引领着机械电子、材料科学、信息科学等相关学科的快速发展，相关成果也全方位惠及国防、交通、医疗等国民经济的各重要领域。

过去的10年间，我国相继实施了一系列重大航天任务，并且取得了一系列重大突破，其中包括全面建成北斗全球导航卫星系统，“嫦娥五号”飞行器成功着陆月球并实现无人采样返回；“祝融号”火星探测器首次实现了火星着陆及自主巡航；海南文昌发射场投入使用，以“长征5号”为代表的新一代大型运载火箭投入使用，火箭型谱不断完善；持续推进空间站的建设，3名航天员完成了长达3个月的在轨驻留，其间多次出舱实施在空行走（国务院新闻办公室，2016a）。2021年，全球共进行了144次航天发射，打破了1967年创下的139次的发射纪录。其中我国进行了55次发射，发射次数位居世界第一。

习近平总书记指出“探索浩瀚宇宙，发展航天事业，建设航天强国，是我们不懈追求的航天梦”（新华社，2016）。进入新的历史时期，为加快创新型国家建设，对我国航天技术及航天产业的创新引领能力提出了更高的要求。为了促进航天事业的发展，我国相继颁布实施了《国家民用空间基础设施中长期发展规划（2015—2025年）》等一系列政策，未来我国航天技术多元化、航天装备体系化的发展模式，将为航天运载工程学科的发展提供重大历史机遇。

准确凝练关键科学问题，深入开展基础理论研究，支撑我国重大航天任务的顺利实施，将成为航天运载工程学科未来较长时期的重要内容和发展目标。

（七）管道运输工程

管道运输指通过管道，利用加压、计量、调节、控制等设施或设备进行气、液、固（浆）等不同相态介质输送的科学与技术，它是现代交通运输体系的重要组成部分，与公路、水路、铁路、航空并称为世界五大运输方式。

油气管网是国家重要的基础设施和民生工程，既是油气工业上下游衔接协调发展的关键环节，也是现代能源体系的重要组成部分。随着全球应对环境污染、缓解气候变化、提高能源效率的迫切需求，管道运输在煤炭、矿石、混凝土等浆体，以及氢能、二氧化碳等新介质的管道输送将在资源高效分配利用以及相关产业促进发展中发挥作用。

2019年印发的《交通强国建设纲要》指出统筹铁路、公路、水运、民航、管道、邮政等基础设施规划建设，这有助于推动我国交通强国战略实施，建设现代化高质量综合立体交通网络。2021年颁发的《意见》指出统筹推进氢能“制储输用”全链条发展，这有助于推进规模化碳捕集、利用与封存技术的研发、示范和产业化应用。2021年《纲要》指出加快建设天然气主干管道，完善油气互联互通网络，这有助于推进我国能源革命，建设清洁低碳、安全高效的现代能源体系，推进与周边国家油气管道基础设施互联互通，也有助于加强“一带一路”国际能源合作，实现互利共赢。

六、水与海洋资源高效利用和安全保护是建设海洋强国的重要支撑

水利科学伴随人类文明起源而诞生，是自然和工程科学领域的基础性和战略性关键学科。我国水资源保障程度低，国民健康、粮食安全、环境治理和生态保护的需求与水资源、水能不平衡的矛盾尖锐。随着全球气候变化、人口增长、城镇化和经济快速发展，关于水的新老问题更加突出。在新的历史时期，国家提出了“一带一路”倡议、京津冀协同发展、粤港澳大湾区建设、长江经济带开发与保护等战略，水利科学面临新的挑战和新的机遇。

海洋是经济社会发展的重要依托和载体，建设海洋强国是中国特色社会主义事业的重要组成部分。党的十八大首次完整提出了“海洋强国”战略，党的十九大报告指出“坚持陆海统筹，加快建设海洋强国”（习近平，2017）。国家对海洋建设的重视达到了前所未有的高度。在合理开发利用与保护海岸及海洋资源、维护海洋权益、确保海上运输安全等方面发力，对我国建设海洋强国意义重大。

（一）水资源有效利用和安全保护是国民经济发展的有力保障

随着社会经济的发展，包括防洪安全、供水安全、生态安全、水污染防治在内的水资源安全问题日益成为关系我国可持续发展和国家安全的基础性与战略性问题。21 世纪我国水资源形势尤为严峻，已经成为制约我国社会经济可持续发展的重要因素。

全球新一轮科技革命初现端倪，水利科学含义更加广泛，研

究对象从流域水循环向流域水系统延伸，水利科学的内涵已拓展为认识自然、人工双重作用下水物质时空分布和运动规律的一门学科，在研究尺度上呈现出多时空尺度的特点：在从微观、系统到全球空间尺度上着眼于介质运移、流域水环境综合治理和全球水循环及伴生过程等，在短中长时间尺度上重视用水效率提升、水文循环与水环境水生态演变及河湖健康。广泛应用卫星遥感、物联网、人工智能、大数据等新兴科学技术，可跨学科地研究水-能源-粮食-生态协同、农田多尺度多过程水与物质转化及调控、河湖-地下水-河口海岸相互作用和流域生态系统健康理论等重要前沿课题。气候变化和人类活动受到广泛关注，对海岸河流开发保护、水环境生态综合治理、工程安全保障与风险防控等的影响日益受到重视。将水利水电工程相关的生态与环境问题全面纳入我国现代水利行业科技创新体系，也将成为完善我国现代水利行业科技创新体系的重要支撑。

（二）岩土工程与水利水电工程的运行和安全是国家能源战略及公共安全的重要保障

我国重大水利水电建设工程在规模、难度等多方面都将超过现有的世界水平。受一大批已建和在建大型岩土工程与水利水电工程强力牵引，岩土工程从浅表向“三深”、“两极”（南极、北极）和“一高”（高原）拓展的态势已经形成；大量水利水电工程进入中长服役期，安全保障与风险防控面临严峻挑战，迫切需要在水利水电工程全生命周期建造与运维，区域水利水电工程群风险防控，高海拔地区、高寒地区等恶劣环境中水利水电工程（群）建设、运行、维护和灾变控制，智慧水利理论和方法等方面取得突破。

（三）海岸与海洋资源的合理开发利用和保护是实现“海洋强国”战略的重要支撑

作为发展中国家，我国面临巨大的发展任务和大量的资源需求。21 世纪中叶，我国要实现达到中等发达国家水平的目标，必将面临严峻的人口、资源和环境问题。作为海洋大国，中国南海等沿海海域拥有丰富的石油、矿产和生物等资源，这些宝贵的海岸带资源是中国 21 世纪经济和社会发展的重要支柱。保护海岸、海洋的资源与环境，开发我国“蓝色国土”，加强海岸和海洋工程设施建设是我国实现可持续发展的一条重要出路。加速海洋资源开发利用，加强资源环境保护，维护国家能源安全，已成为 21 世纪我国的重大战略之一。中国不仅要成为海洋大国，而且要成为海洋强国，海洋工程学科是实现国家发展战略的主要学科基础和技术支撑。

我国十分重视海洋工程技术的发展和海洋资源的开发。2009 年 6 月 10 日，中国科学院公布了至 2050 年海洋科技发展路线图。作为 22 个战略性科技问题之一，中国海洋能力拓展计划确定了三阶段目标：2020 年前，逐步拓展到全部领海和经济专属区；2030 年前后，逐步拓展到西太平洋和印度洋；2050 年前后，拓展到全球公海（中国科学院海洋领域战略研究组，2009）。

大规模海岸带资源开发加速了我国沿海社会经济发展，但对我国海岸带生态系统与服务功能造成了一定的负面效应，海岸带可持续发展与“生态文明建设”理念逐渐深入人心。由此在海岸和海洋工程学科的发展中产生了一系列新兴的前沿方向：海岸带资源开发利用更加强调与生态环境保护的协调；河口海岸防灾减灾从被动防御向顺应自然和以人为本的保护修复发展；对海岸与离岸工程建筑物的全生命周期安全性要求日益提高；对海洋平台及船舶在恶劣海况下的安全性和可靠性提出了更高的要求；以节能、减排、增效为目的的绿色船舶技术方向逐渐形成，绿色航道理论与方法逐渐发展；人工智能贯穿于港口航道工程建设与海洋装备研制、运行的流程中，智能装备和技术陆续出现，智慧港航和智慧海洋成为可能；北极航道战略优势明显，极地海洋装备设计和制造能力持续提高；深海渔业装备与技术不断成熟；海洋新能源的开发与利用技术；深海空间站和岛礁工程作用凸显。上述新兴前沿方向的不断发展，给海岸及海洋资源开发利用与保护、极地装备研发、深海资源开采、智慧港航、智慧海洋、智能装备研发、岛礁开发、船舶与海洋工程力学等领域的发展带来巨大的机遇与挑战。

第二章

研究特点与发展规律

第一节　工程学科的研究特点

工程学科是拥有几千年历史的古老学科，但只有在近代自然科学基础上发展起来的具有科学与技术意义的工程科学，才是工程学科的真正开端。

一、工程学科以自然科学为基石，以科学与技术融合为特征

工程学科描述多种自然科学机制集成为人造物质与系统的原理，并利用自然科学知识揭示和描述人造物质与系统的行为规律。

传统工程系统的工作原理与自然界的关系主要涉及相互作用和能量转换两大话题。在长达一个多世纪中，牛顿力学成为人造物质与系统的制造过程及其行为描述的基础，力和能量曾经是传

统工程学科最基本的变量。

随着科学技术的进步，工程系统从以力和能量为控制变量，向力、声、光、电、磁、热等多物理场耦合，气、液、固多相介质耦合，物质流、能量流及信息流并存，感知与控制等多功能单元广泛应用的方向发展，其功能和结构越来越复杂。材料科学、信息技术、人工智能等高新技术也逐渐广泛融入工程学科中，日益普及的物联网与大数据技术，为深刻揭示复杂系统自身的规律开辟了新的途径，起到了越来越重要的作用。工程学科越来越植根于宽广的自然科学基础，并形成相互促进或牵动发展的趋势。

在人造物质与系统制造、运行或服役过程中，会衍生多种新现象，产生多种新机制，表现多种新规律，由此形成了工程学科独特的科学原理、逻辑关系、研究方法和理论体系。

这些特点表明，复杂的工程系统具有自身的规律性，也决定了植根于自然科学基础的工程学科具有显著的技术特性，是科学和技术的高度融合。

二、工程学科以实现和保障系统功能为目标，以挑战极限为发展动力

工程学科在人类社会物质文明的发展中产生，又直接创造人类社会文明需要的物质产品，是改变社会状态、生活品质甚至人类行为的直接因素。随着人类生存品质的提高和社会进步的需求，工程学科及其所支撑的工程实践始终不断地创造新的物质产品，创新与提升系统功能，这是与自然科学不断揭示自然规律截然不同的学科特点。后者的任务是“探索、揭示、发现”，前者的使命

是“发明、创造、集成”，也由此决定了工程学科一系列的属性和发展规律。

工程学科在设计、制造、实现、保障系统功能的同时，不断挑战系统功能、性能、尺度和环境的极限，各种复杂性、非线性、迟滞性、不精确性、不确定性、尺度效应等特性和因素广泛存在于工程系统及其运行过程中，安全性和可控性成为实现与保障系统功能的基本属性，也成为不断赋予工程学科新内涵的核心科学问题。

三、工程学科以学科交叉与融合为创新源泉

复杂工程系统集多参量、多介质、多尺度、能量与物质转换的多样性、信息的多通道流动性，以及感知、控制、驱动、执行等多功能特性于一体，推动着工程学科向与多学科交叉融合集成的方向发展，相关学科的发展和不断地与工程学科的交叉融合为工程系统新的制造原理和技术、新的工作原理和行为规律的研究提供了新的手段。

（1）材料、信息、交通、环境、机械、控制、能源等学科和建筑与土木工程学科交叉融合，极大地促进了建筑与土木工程学科的基础创新研究，提升了城镇与基础设施建造、运营和维护的综合水平。

（2）多元化的学科交叉和大数据、人工智能等新技术的引入，为环境工程学科基础理论的原始创新、颠覆性技术的突破和多尺度、跨介质生态环境问题综合解决方案的制定提供了强劲动力。同时，环境工程学科的基本理念和基础理论为其他学科的发展赋予了新的时代特征与新的生长点，带动了城市建设、绿色材料、

绿色制造、低碳建筑和生态水利等新兴学科方向的发展。

（3）现代交通系统（特别是城市交通系统）是典型的非线性复杂巨系统，依托土木工程、系统科学、信息科学、行为科学、控制科学、管理科学等多个学科，从诞生之日起就呈现出“发端于土木、多学科融合”的交叉学科特质。随着人工智能、大数据、自动驾驶和新能源等新技术在交通领域的应用日益深化，交通工程学科的内涵正在发生深刻变化，交叉学科特征日益凸显。

第二节　工程学科的发展规律

随着科学技术的不断发展和人类丰富物质文明、挑战自然的无限追求，工程系统的功能与结构越来越复杂、服役环境越来越极端、工程系统的集成原理与行为规律也越来越复杂多变。另外，人类对不可再生资源的消耗和对环境生态的破坏，使得可持续发展成为21世纪全球共同面临的重要课题，工程学科不仅可为人类提供可持续发展的解决方案，而且将极大地丰富可持续发展的科学内涵（United Nations，2001）。

一、复杂系统推动工程学科复杂性科学问题的研究

随着巨型复杂工程系统的发展，系统内部不同物理场之间的耦合效应、系统与其周围介质的相互耦合作用越来越强烈，并成为主导系统行为规律的重要因素。工程系统的结构、功能、行为及其机制越发复杂，以及系统的非线性行为与机制，系统内部物质、

能量、信息的传递与交互，系统环境作用与行为规律的不确定性越加明显和复杂，从而给工程学科提出了大量的复杂性科学问题。

工程系统材料的非线性、大形变的几何非线性、集成单元的接触非线性、各种非线性的耦合效应等丰富的非线性行为与机制给工程学科带来了挑战。复杂工程系统的复杂非线性行为与机制具体包括：极端灾害作用及多重灾害耦合作用下的复杂基础设施工程系统抗灾机理，环境污染中存在多介质交叉复合污染的特性，复杂的非线性现代交通系统，深部资源开发和土木水利及海洋基础设施系统中涉及的岩土、结构、流体及水合物区的非线性行为与机制等。以上都是当前工程学科需要面对和解决的重要课题。

二、安全性和可控性是工程学科的核心科学问题

工程系统服役于自然环境，不可避免地遭受地震、强风、火灾、爆炸等灾害影响。随着我国“一带一路”倡议和海洋强国、西部大开发、新型城镇化等战略的实施，大量工程系统不可避免地面临高海拔、高寒、高腐蚀、高温、高压等恶劣环境的严峻考验。在极端恶劣环境和自然灾害作用下，工程系统的设计建造与制造理论、灾害行为、破坏机制、安全控制等成为当前工程学科的核心科学问题。

工程学科不断挑战系统功能、性能、尺度和环境的极限，由于工程系统的复杂性、功能的多样性、性能的极端性、环境的不确定性及科学认知的有限性，工程系统的建模、环境的作用和行为的规律等都可能存在各种未被准确表达和揭示的灾难状态出现的隐患，从而导致系统的可设计性、安全性和可控性成为工程学科最基础的科学问题。在把握系统行为规律的基础上，综合功能

性、安全性、经济性、可持续性等要求的工程设计与控制理论是技术科学和社会科学高度融合的结果，具有不断丰富的内涵和研究内容，相关的设计和控制理论已经由确定性的安全设计、线性控制发展到考虑随机性的可靠度设计和非线性控制，并进一步向多目标约束下的性能设计和控制，以及考虑工程系统全生命周期内的安全性与资源消耗最小化的性能设计和控制方向发展。

三、可持续性是工程学科的发展方向

全球性的能源危机、环境恶化及资源短缺，要求人类社会不断反思和调整自身的行为模式，以保持经济与社会的可持续发展（United Nations，1987）。社会可持续发展的要求正对工程学科产生深远的影响（ASCE Steering Committee，2006）。针对工程系统的可持续发展，不仅需要在单一的环节进行改良提升，更需要从规划设计、生产建造、运营服务、管理维护等全生命周期进行协同优化。基于可持续发展理念的绿色建筑，可持续发展的城市规划与建筑设计理论，城市更新和人居环境品质提升，新型城乡基础设施建设，乡村振兴战略下的宜居村镇建设，多介质环境复合污染控制、资源循环利用与生态系统保护，多源信息环境下的综合交通系统，农业绿色用水理论、智慧水利、生态环境水利、水沙动力长期演变与河湖保护、“一带一路”水沙灾害预警预报，海岸带资源可持续利用与保护修复、海洋新能源开发、智慧海洋与智能装备、深海空间站等，都是当今工程学科的重要命题，将对人与自然和谐共生的实现，以及美丽中国、健康中国和生态文明建设等国家重大战略的实施发挥重要的作用。

第三章

发展现状与发展态势

第一节　工程学科领域的国际先进水平

一、建筑与城镇化领域

20 世纪城市发展迅速。据联合国资料，2018 年世界城镇化水平达到 55%，城镇人口达到 41.1 亿人。预计到 2030 年，全球城镇化水平将达到 60.4%，居住在城镇的人口将达到 51.7 亿人（联合国经济和社会事务部人口司，2018）。随着城镇化不断推进，各国在满足不断增长的城市人口需求，提供住房、交通、能源与基础设施，以及就业、教育和医疗卫生等基本服务方面不断面临挑战（ASCE Steering Committee，2006）。了解未来城市化的关键趋势，建立新型城市化发展框架，确保城镇化的益处能够人人共享，对于实现联合国《2030 年可持续发展议程》至关重要。

自改革开放以来，我国的城镇化进展明显加速。1978～2020

年，我国城镇化率由1978年的17.9%增长至2020年的63.89%，城镇人口由1978年的1.7亿人增长至2020年的9亿人，城镇建设用地由1981年的0.67万km^2增长至2019年的约13.37万km^2。截至2018年，全国共有地级市293个，县级市375个，建制镇21 297个。预计到2035年，我国的城镇化率将会达到75%左右，未来还有1.5亿～2亿的新增城镇人口（乔文怡等，2018；王凯，2021）。

在绿色低碳背景下，传统的城镇化模式面临新的挑战。近年来，我国每年房屋新开工面积约20亿m^2，消耗的水泥、玻璃、钢材分别占全球总消耗量的45%、42%和35%。我国能源消耗总量持续位居高位，2018年，我国的煤炭消费、用电总量居世界首位，石油消费居世界第二位，天然气消费居世界第三位。未来15年，城市既要为新增城镇人口提供住房、公共服务和基础设施，也要为9亿多城镇人口改善居住环境、提高服务品质。在能源资源约束趋紧、生态文明建设和美丽中国要求不断提高的背景下，迫切需要推动城镇化绿色转型和绿色建造建筑技术不断突破（王凯，2021）。

（1）基于对急速消耗的自然资源和可持续发展理念的深刻理解而引发的对城市和建筑设计中生态技术运用的关注（王建国，2005）。作为国际建筑界基于可持续发展认识前提的专业应对策略，被动式和低能耗的绿色建筑设计与城市设计受到广泛关注。在这一领域，美国关于绿色建筑评价标准的能源与环境设计认证（Leadership in Energy and Environmental Design，LEED）取得突出成果并产生世界性的影响，欧洲在实验性生态建筑和技术方面的研究领先。这一领域的主要发展趋势包括：注重基于可再生能源和要素利用的被动式建筑设计；多元和多样性的生态技术探索，包括适宜技术、中间技术、低技术、软技术以及在建筑中的组合应用；相关的评估、检测、鼓励技术政策、行业技术标准的研究和制定等。

（2）以信息数字技术为代表的建筑学科科技平台的创新（王建国，2005）。建立在以数字技术为代表的各种新技术基础之上的信息化城市，其空间设计方法有两个主要发展趋势：其一，发展新型城市空间，并依托科技进步逐渐更新现有城市空间和活动组织方式；其二，丰富和发展建筑学科，形成新的设计理论与方法及其所依托的数字科技创新平台。这种平台将大大提高人们对城市空间的理解能力，加深并拓展空间研究的深度和广度，实现规划设计方案在现实空间中的完全和实时虚拟，对设计方案及其结果进行精确数据分析和预测。近年来，世界上还出现了两种以数字技术为基础的新的建筑形态发展趋势：一种趋势的代表人物是弗兰克·盖里（Frank Gehry），在这种建筑形态发展趋势中，设计者强调的是施工和建造过程的数字化；另一种趋势的代表是本·范·伯克尔（Ben van Berkel）、FOA（Foreign Office Architects）建筑事务所、伯纳德·凯诗（Bernard Cache）和格雷格·林恩（Greg Lynn），他们不仅强调施工和建造过程的数字化，而且强调设计过程的数字化。从世界范围来看，这一领域目前已经成为建筑学科最具成长性的学术前沿领域，并将深刻影响建筑学科的未来发展。

（3）现代城市设计和城市公共空间环境优化（王建国，2005）。现代城市设计近20年的学科发展主要体现在经典理论与方法的完善深化、基于可持续发展理念的学科拓展、数字技术应用等方面。具体发展趋势包括：研究城市设计与建筑设计、城市规划的关系，讨论城市设计作为一门独立学科的概念、理论和方法体系；基于生态优先的绿色低碳城市设计研究；关注城市特色风貌、历史文化传承、公共空间活力的研究；面向建设实施和城市更新的城市设计管理机制及协同平台研究；数字信息技术的应用和大数据分析工具辅助城市设计精准性；探索基于新型人、环境、资源关系的“理想城市”人居环境模式。

（4）全球化背景下城市和建筑设计的地域化与历史文化遗产保护（王建国，2005）。自20世纪50年代后期起，城市和建筑文化的地域特色问题一直是建筑界讨论研究和实践的主题，也是实现人类社会可持续发展的重要内容（Cohen，1999）。与发达国家相比，目前我国的城市特色缺失问题已经非常普遍。历史文化遗产是人类文明演进的重要载体，中华文明是人类历史上唯一的绵延5000多年至今未曾中断的灿烂文明，遍布在城乡大地上的各类遗存蕴含着中华民族特有的思想观念、精神价值和创造力。加强对历史文化遗产的保护、利用与传承，保护好传统文化基因，彰显城乡特色，是推动高质量发展、坚定文化自信必然要面临的重要课题。从发展趋势来看，这一领域的主要科技问题是对中国传统城市原型的现代分析技术、中国传统城市营建理论智慧的现代分析与继承技术、地域城乡自然人文环境特色的整体保护技术、各类历史文化遗产的适应性保护利用现代化技术。

（5）建筑学概念、原则和规律等属性的界定及其与时俱进、跨学科研究领域的成长和开拓（王建国，2005）。建筑学中人文社会科学和工程技术科学的相关性及其范围边界问题是经典研究课题之一。这是因为建筑兼具人文社会科学和工程技术科学的属性，同时具有鲜明的民族和地域特征，因而其研究具有显著的复杂性和系统特征。为此，发展建筑学需要进一步拓宽视野，加强与各种人文社会学科的交流与融合。社会学、人类学、经济学、地理学以及文化传播理论与方法在城市和建筑设计研究中得到了日益广泛的借鉴及应用，已经构成建筑学科基础理论的重要部分。在此背景下，建筑学逐渐摆脱原有专业知识和技术领域的局限而有新的开拓，并呈现出研究视野从局部地域日益走向全球化的世界，在重视本土化建筑及技术特色的同时，日益从单一学科走向复合学科，从单纯技术领域走向人文社会科学与工程技术科学并举。

二、土木工程领域

土木结构工程技术的发展与本国的基本国情和发展阶段密切相关，因此世界各国土木结构工程技术的发展各具特色，理念也各有差异。例如，日本由于长期遭受地震灾害的威胁，因此在抗震技术方面发展迅猛，世界领先，但其总体技术风格和发展路径与美国又颇有差异，在世界上可谓独树一帜。从 2022 年英国教育组织夸夸雷利·西蒙兹（Quacquarelli Symonds，QS）公司发布的世界学科排名可以看到，土木结构工程学科排名前 50 位的高校中，欧洲高校占 18 席，美国高校占 10 席，中国占 6 席，澳大利亚占 5 席，日本占 3 席。因此，除了欧美发达国家和日本这些传统工程科技强国外，中国近年来在土木结构工程领域所取得的科技成就也从一定程度上反映了本领域的国际先进水平（QS，2022）。近年来，高铁、公路、桥梁、港口、机场等基础设施建设快速推进，这些基础设施建设项目又有力地促进了一系列土木工程新技术的研发与应用，使中国在大型复杂结构建造技术，以及结构抗震试验、计算和设计技术等方面取得了重要突破（交通运输部科学研究院，2021）。

（1）中国大规模基础设施建设促进结构体系的不断创新和大

型复杂结构建造技术的不断进步。我国经历了史无前例的大规模基础设施建设，为土木结构工程的科技创新提供了前所未有的机遇。我国自主研发了以钢-混凝土组合结构、大跨空间结构、预应力结构等为代表的系列结构新技术，综合指标位居世界先进行列，在节约资源、提高安全性、改善居住品质、减少劳动用工等方面优势显著。我国在大型复杂结构和超高层建筑结构设计、分析和施工关键技术以及新型建筑工业化方面取得了一系列具有自主知识产权、国际先进的核心技术成果，在材料、设计、施工、运维等方面解决了一系列关键的技术难题，实现了技术极限与传统认知的不断突破，有力地保障了我国重大标志性工程的高水平建设。

（2）工程结构可靠性、耐久性及全生命周期设计理念得到初步实现，并受到广泛认同。土木工程结构的可靠度理论和方法取得了重要进展，在可靠度数学理论的基础上，逐步发展了适用于土木工程结构的可靠度设计理论体系，对全面提升土木工程结构安全可靠性起到了至关重要的作用。随着社会经济的快速发展，可持续发展已成为全球性的重大挑战。在这一背景下，倡导注重结构耐久性并进而发展为全生命周期设计理论，综合考虑工程结构设计、施工、运营和管理的各个环节，建设可持续基础设施目前已成为国内外最活跃、最前沿的研究领域之一，是国内外学者普遍关注的焦点和研究热点。

（3）基于性能、考虑韧性可恢复的抗震设计方法得到应用，抗震试验技术不断革新，大规模地震灾变模拟得到推广。土木工程结构抗震是近年来本领域发展最快的方向之一。在美国联邦紧急事务管理署（Federal Emergency Management Agency，FEMA）和美国国家科学基金会（National Science Foundation，NSF）的联合资助下，美国科学家和工程师提出了基于性能的抗震设计思想，标志着结构抗震设计方法迈向了新的高度。美国发起的地震工程模拟网络（Network for Earthquake Engineering Simulation，NEES）计划，以及日本建造的世界最大规模的振动台 E-Defense，强有力地推动了结构抗震试验技术的进步（National Science Foundation，2000）。振动台试验和拟动力试验作为当今世界最重要的结构抗震试验方法，已被国内外学者广泛接受。在此基础上发展起来的在线混合试验等新型试验技术，在揭示复杂结构体系地震灾变机理方面也取得了令人满意的效果（Pan, et al.，2015）。此外，高性能计算手段的逐步成熟，有力地推动了工程结构抗震分析和设计不断向精细化的方向发展。

三、水利领域

（1）在综合节水方面，发达国家的水资源利用效率普遍高于我国。国外已经发展并推广了第五代高效灌溉技术，与国际先进水平相比，我国还存在以下急需加强的方面：一是在农业节水方面，我国的集合多水源调度、高效输配水、水肥一体化智能施配等成套技术，关键节水设备研发，精准灌溉、智能化灌溉等与国际先进水平尚有差距；二是在工业节水方面，我国在高用水行业节水技术、工艺和设备研发与应用推广，工业水循环利用，工业园区节水模式等方面有待加强；三是在区域节水方面，我国在结构节水和管理节水、城市输水管网漏损控制技术、雨水和再生水利用等非常规水源利用等方面有待加强。

（2）在水资源综合调控方面，国外形成了以水量水质联合调控为基础、水资源配置与实时调度相耦合的技术支撑系统。部分技术先进国家已经实现了由供水管理向需水管理的转变。与国际先进水平相比，我国还存在以下急需加强的方面：一是在基础理论方法方面，我国在水循环多过程耦合、尺度匹配、不确定性分析、城镇化影响、气候变化应对、生态环境流量、变化环境下的地下水演化与调控、学科交叉研究等方面的力量比较薄弱；二是在水资源调配技术方面，当前我国的总体发展水平较高，但在面向跨区域调水工程的优化配置、水库群联合调度、生态调度等方面尚有不足；三是在水资源信息技术方面，水资源监控技术、智能水网、自主知识产权的水利软件研发等与国际水平和我国实践需求相比尚有差距。

（3）在水生态环境保护与修复方面，国外在清洁生产、面源污染防治、生态需水、河流湖泊水位与流量标准制定等方面的技术方法日益成熟，已经发展到政策执行阶段。与国际先进水平相比，我国还存在以下急需加强的方面：一是在水生生态系统基础研究方面，对水文和生态复合过程的作用机制与规律的理解还不足，制约了生态-水文模型的发展与模拟精度，对不同尺度水生态系统的发展演化特征、规律及趋势把握不准；二是在水污染防治过程涉及的污染物监测评估技术、污染治理技术、环境修复技术方面与国外存在明显差距；三是在清洁生产与污染源头控制方面力量较为薄弱，水环境质量标准体系与水平低于发达国家；四是面源污染治理与控制技术只是在少数典型地区与重点区域有所应用，面源污染评估方法和标准体系尚未建立，全国范围的系统性的面源污染监控网络形成尚需时日；五是在针对重点流域、湖泊、水库的水环境修复技术方面综合性不强，治理效果远未达到预期。

（4）在重大水工程建设与运行方面，我国整体处于国际先进水平。世界最高拱坝、最高混凝土面板堆石坝、最高碾压混凝土坝都在中国，特别是三峡水电站、小浪底水电站、二滩水电站、小湾水电站、龙滩水电站、水布垭水电站等一批规模宏大的世界级水利水电工程先后建成并正常运行，标志着我国筑坝技术已经跻身国际先进行列（中国电力规划设计协会，2019）。我国虽在重大水利工程的建设方面取得了世界瞩目的成就，但与国际先进水平相比，在部分领域还存在一定差距：一是在工程安全管理方面，大多以传统理念为主，缺乏适应我国工程建设运营条件的风险管理理论和分析技术；二是在工程建设方面，除险加固技术、环境友好建设技术、生态水工技术、生态环境影响评估技术等与国际先进水平还存在差距。

（5）在水灾害防治与风险管理领域，转变防治理念已经成为各国治水方略调整的共同趋向。在洪涝灾害防治领域，世界主要国家基本实现了由控制洪水向管理洪水的转变；在干旱灾害防治领域，实施干旱风险管理已经成为共识。与国际先进水平相比，我国在水灾害防治与风险管理领域主要存在以下不足与差距：一是在洪涝灾害防治方面，我国的城市洪涝灾害的孕灾与成灾机理、城市暴雨多尺度联合预报技术、城市极端暴雨洪涝调控技术、洪水保险等基础科学与关键技术研究存在较大差距；二是在干旱灾害防治方面，我国主要在干旱灾害发生机理与科学应对、干旱管理信息化、干旱地区地表水与地下水联合调配关键技术研究等方面还存在较大差距。

四、环境领域

即使地球表面的分布格局是“三分陆地，七分海洋”，但可供人类生存使用的淡水资源却非常少。人口和经济的快速增长，使有限的淡水资源在过度消耗和严重污染的双重压力下，日渐短缺，并带来更加严重的水安全问题，即便是水资源丰富的南美洲，也难以高枕无忧（United Nations，2001）。关乎国计民生的水安全保障已被列入联合国的发展议程（United Nations，1992），各国根据自身国情，分别采取了特色鲜明的水安全保障技术措施和政策。例如，以色列地处中东内陆，沙漠占比大，是淡水资源稀缺的典型代表，其在科学用水节水的技术方面发展迅速，取得了举世瞩目的节水兴国的成就；新加坡作为一个岛国，在污水回用及海水淡化技术方面独树一帜，在“新生水”的投入上也令大部分国家难以企及（徐海岩等，2013）；欧美发达国家通过严格的立法和管理制度，将水安全保障上升到国家安全的高度；中国围绕节水、供水、水污染防治和水生态修复等方面的科技创新，提出了水安全创新工程实施方略（科学技术部，2015）。在颇具差异的水安全保障体系中，世界城市水安全领域也展现出一些具有共性的发展趋势。此外，旱灾害频发仍是我国面临的重大问题，我国水库大多数是20世纪50～60年代修建的，老化严重，存在很大的水安全问题。

（1）基于数据信息与通信技术手段的城市水环境安全诊断和智能响应技术已悄然兴起，在应对突发性水污染、保障水生态安全过程中具有举足轻重的作用。城市水环境安全诊断从水生态安全出发，将水资源危机、水体污染、水生生物、水利工程等方面的环境和生态因素考虑在内，运用信息和通信技术手段观测、分析、整合城市水环境运行核心系统的关键信息，对各种突发情况做出智能响应。欧美发达国家依靠信息技术的优势，率先提出了建设“智慧水系统”的理念，利用传感、大数据分析、诊断与预测分析、决策支持系统等核心技术，对城市水环境突发型和累积型生态风险进行预警，实现了“点—线—面—域”水环境质量监控和城际信息共享。奥地利和德国在多瑙河流域、美国在密西西比河流域、德国在莱茵河流域已经建立了水污染预警系统；美国在纽约市开发了干旱预警系统、洪水预报和灾害预警系统，还在饮用水安全方面开发了基于“原水监控-管网监控-威胁水质安全事件监控”的预警技术，通过建立典型的有毒污染物数据库，实时监测污染物是否入侵水系统（李键等，2009）。数字化信息技术给水安全领域带来了革命性的影响，基于数据信息与通信技术手段的城市水环境安全诊断和智能响应技术，已经成为城市应对突发性水污染和保障水安全的最先进手段之一。我国还针对蓝藻富营养化等问题开展了相应的技术研究。

（2）污水高效处理及再生利用技术不断进步，可持续的污水处理理念获得广泛认可。在污水处理领域，在技术上，呈现出以厌氧、好氧生物法为主，物化法为辅的多元化格局，传统工艺的调控策略不断更新，新型水处理技术纷繁涌现，每一个工艺的背后均有许多可选择的、研发中的技术予以支持，相同的技术也可在不同的工艺中获得应用；在观念上，污水处理从单纯“治污”的传统理念向“可持续污水处理”的理念转变，将污水作为能源和资源的载体，能源资源回收成为一个重要的发展趋势，以实现污水处理过程中营养物收集、能源回收和水资源再生利用三位一体的构想。在水污染加剧和水资源短缺的背景下，注重新型水处理技术开发，提倡可持续污水处理，通过统筹规划污水处理过程的设计、运营和管理等环节，合理布局，使污水处理与经济社会发展水平相协调，与水环境安全要求相适应，以此来保障城市水安全，这已经受到普遍关注，并成为研究的前沿热点。除了传统的污染物，目前国际上比较关注一些新污染物控制的问题。欧美发达国家已经采取立法行动对污水厂进行升级改造，以应对新污染物控制问题，也是污水厂未来发展的一大趋势。

（3）基于低影响开发（low impact development，LID）理念的城市水系统，通过仿生自然水文循环对雨水洪涝与面源污染实现高效管理和有效控制，已成为构建未来城市的主导方向之一。城市化是保证经济发展的强大引擎，而传统的城市建设开发模式在保障水安全上已经难以为继，取而代之的是基于低影响开发的城市水系统构建，这一概念于20世纪90年代在美国的马里兰州被首先提出，如今已受到世界各国的认可，并作为全球气候变化背景下解决城市内涝灾害、雨水径流污染、水资源短缺等突出问题和修复城市水生态环境的主要举措。例如，德国、瑞士、新加坡、澳大利亚等国家因地制宜，通过科学设计、高效集水、合理排水，率先建成了众多值得借鉴的基于低影响开发的城市，打造了绿色屋面、植被浅沟、雨水花园等系统，有效保障了城市的水环境安全。低影响开发型城市水系统的建设和落成，可使水系统有效适应因气候变化引起的极端天气的影响，将作为城市发展理念和建设方式转型的重要标志，也将成为构建未来城市的主导方向之一（鹿健，2015）。

五、交通与海洋工程领域

（一）轨道交通与运载工程

从1964年10月日本东海道高速铁路开通运营到现在，世界高速铁路运营总里程保持稳定增长。其中，中国高速铁路总里程增长速度最快，已经超过4.0万km，稳居世界第一（陆东福，2022）。因此，除了日本、德国和法国这些传统的高速铁路技术强国，中国近年来在高速铁路领域取得的技术成就同样能够反映该领域的国际先进水平。

（1）世界各国不断刷新高速铁路运营速度和试验速度纪录。中国高速铁路的运营速度从200 km/h持续提高到350 km/h，中国成为世界高速铁路商业运营时速最快的国家。

（2）基于全生命周期和故障预测及健康管理的理念已深入人心。经过多年的研究，发达国家已经逐步建成了“综合检测与监测—科学评估—辅助维修”的基础设施检测维修管理体制，采取多种手段来保障运营安全。我国高速铁路的发展已由大规模设计建造逐步进入安全运营管理、高效养护与维修阶段。

（3）高速铁路基础设施建设运维技术不断创新和日益成熟。我国高速铁路建设紧密结合自身国情和土建工程建设的传统优势，目前已经掌握了运营速度达350 km/h等级的高速铁路路基工程变形和沉降控制技术，无砟轨道设计和施工技术日益成熟，高速铁路长大桥梁和隧道建设技术达到国际先进水平，高速铁路技术标准体系基本形成。

（二）道路交通

近年来，在我国城镇化、机动化快速发展的背景下，道路交通系统规模急剧增长。机动车保有量达3.93亿辆，其中汽车2.19亿辆，年均增速世界第一。机动车驾驶人达4.79亿人，其中汽车驾驶人达4.39亿人，位居世界第一。公路总里程519万km，其中高速公路16.1万km，位居世界第一（交通运输部科学研究院，2021）。在城市交通资源优化配置、混合交通流道路通行能力分析与协同管控、道路网络交通流与网络均衡、交通系统仿真等方向，我国已经涌现出一批具有重要国际影响力的成果。

在人工智能、物联网、新能源等新兴技术快速发展的背景下，国际上道路交通系统的发展愿景目标以促进安全、高效、绿色为核心。其中，欧洲联盟（European Union，简称欧盟）委员会颁布面向2050年的题为《迈向统一欧洲的交通发展路线图——构建竞争力强、高效节能交通系统》（Roadmap to A Single European Transport Area—Towards A Competitive and Resource Efficient Transport System）的白皮书，要求构建高效协同、绿色环保的综合交通运输系统。日本面向2035年的《综合交通政策体系》则提出通过构建层次分明的综合交通立体架构，实现安全有序的综合交通运输管理的发展目标（张军等，2017）。

面向愿景目标，各国通过行业发展规划、基础科研计划等促进道路交通系统科技发展。美国交通部发布的《智能交通系统（ITS）战略规划（2020—2025）》（Intelligent Transportation Systems Joint Program Office Strategic Plan 2020—2025）、《自动驾驶4.0》（Automated Vehicles 4.0）等行业发展规划，要求加速应用智能交通技术，转变社会运行方式，助力人工智能技术赋能交通系统（Intelligent Transportation System Joint Program Office，2020；National Science & Technology Council and the United States Department of Transportation，2020）。欧盟的“地平线2020”（Horizon 2020）则提出致力于建设适应未来自动驾驶的道路交通系统，构建车路协同的道路交通系统。日本通过“社会5.0”（Society 5.0）提出“超智能社会”概念，并将物联网、人工智能、共享经济融入道路交通系统，构建智能化出行服务系统。

（三）车辆工程

随着传感器技术、自动化技术、通信技术的快速发展，电动化、智能化与网联化逐渐成为车辆工程发展的主旋律。

1. 汽车电动化程度及水平快速提升

汽车的电动化改变了车辆动力系统的传动特性与控制模式。分布式驱动电动汽车的转矩分配与集成控制，混合动力汽车的复合传动机理、模式切换与能量管理，高集成度电驱动总成系统动力学机理与协调控制技术已成为车辆动力与能源的技术前沿。同时，在电控技术和智能技术的加持下，内燃动力、混合动力、储能电池和燃料电池技术相得益彰，共同发展。

2. 汽车智能化稳步推进并加速落地

发展融合车辆本体状态与外部环境信息的精确感知技术使得车辆动态安全裕度发生显著变化。当前研究主要集中于车辆状态参数辨识与稳定判定机制、底盘全矢量集成控制架构与多目标协同优化技术、控制子系统失效容错控制与极限工况主动安全功能开发。人、车、环境的相互耦合与作用使得智能车辆控制需要更多地考虑驾驶员特性与乘坐舒适性。

3. 正在积极探索汽车网联化技术

智能网联多车交互机制、多车队列动力学建模、队列成形技术、队列弦稳定性分析、多车道匝道合流与无信号灯控路口的多车协同控制等是目前的技术研究前沿。同时，目前已有不少研究基于多车 / 车路系统提出多类决策控制方法，以提高车辆的安全性、经济性和舒适性。

（四）水路交通与运载工程

在绿色船舶技术方面，国外纷纷采取措施，加快推进新能源、新技术及新材料等领域的研究和推广速度。在智能船舶技术方面，国外正在开展环境感知、传感、自动控制、大数据应用、人工智能等技术在船舶控制和管理方面的应用研究。在智能辅助设备方面，国外先进内河船舶的辅助设备已经朝着全电驱动、无人智能化操作和污染物零排放方向发展。在基础设施方面，欧美国家在高效节能环保疏浚装备和工艺技术、智能疏浚系统等方面进行了大量研究，技术装备水平逐步提升；在指挥控制方面，国外工程企业与科研院所自2012年起大力发展货物运输型智能船舶的研究；在水运事故应急救援方面，近年来发达国家逐渐将无人水面艇应用于水上应急搜救领域。

（五）航空交通与运载工程

目前，该学科已初步形成一套较为系统的理论、方法与技术体系，涵盖航空运载工具设计、动力学与推进系统、运用工程，以及航空交通管理与信息控制、航空运输服务与保障、航空交通安全与应急等研究领域。在航空运载工具与航空交通系统两大领域，航空发达国家取得的先进技术成就如下。

（1）军用和民用航空器创新技术研发加速，持续推动航空装备更新换代与能力提升。在军用航空器方面，自20世纪末以来，最明显的进展就是采用推力矢量控制的多用途超机动歼击机的出现。进入21世纪，军用飞机研发制造快速推进。在民用航空器方面，第二次世界大战结束后，喷气式飞机蓬勃发展，代际更迭推动了民用航空运输发展。20世纪90年代，第五代喷气民航机投入使用，其在设计上除增加载客量、提高适应性外，还继续探索降低油耗，提高经济性。

（2）航空器系统与运用工程领域技术长足发展。在航空器设计制造方面，从20世纪中叶追求“更高、更快、更远”发展到21

世纪全球化所追求的“更好、更廉价、更快”。在推进系统方面，军用航空发动机发展到目前已装备的第四代小涵道比涡扇发动机。

（3）新一代信息技术与航空交通管理技术融合发展，航空交通系统正进行新一轮技术变革。在航空交通管理与信息控制方面，其研究从相对独立的通信导航监视和管制技术，扩展到以空管运行理念和运行方式变革为牵引的核心能力提升技术，基本形成了信息协同环境下的航空业务全链融通、智慧决策与协同运行初级形态。

（六）航天运载工程

1. 航天运载发射能力不断提升，可重复使用运载技术趋于成熟，航天发射成本不断降低

20 世纪 60 年代初，美国斥巨资开始了大推力发动机的研制，成功研制了以“土星 5 号”运载火箭为代表的重型运载火箭，于 1969 年成功实现了人类登月。美国提出了航天飞机的概念，于 1981 年实现首飞，实现了空间往返。近年来，以美国太空探索技术（SpaceX）公司为代表的商业航天公司迅速发展，开发了“猎鹰”系列等运载火箭，实现了火箭发动机的重复使用。

2. 小行星采样返回及火星着陆探测任务成功实施，深空探测技术不断取得新突破

各主要航天大国持续推进深空探测任务的实施。2014 年日本发射“隼鸟2 号”小行星探测器，该探测器于 2020 年携带样品返回。2021 年 2 月 19 日，美国国家航空航天局的“毅力号”成功登陆火星杰泽罗陨石坑，成为第 5 辆成功登陆火星的火星车。2021 年 12 月 25 日詹姆斯·韦布空间望远镜成功发射，这是美国国家航空航天局迄今建造的最大、功能最强的空间望远镜。

3. 空间自主交会及操作技术完成多次飞行验证，在轨服务及维护技术受到广泛关注

21世纪初至今，是无人在轨服务持续发展的20年，例如，以2003年和2005年美国试验卫星系统（Experimental Satellite System，XSS）的XSS-10和XSS-11试验小卫星项目、2007年欧洲的轨道快车项目、2020年美国的任务延寿飞行器-1（the Mission Extension Vehicle-1，MEV-1）项目、2021年日本的太空垃圾清理卫星项目等为代表的在轨服务新概念不断被提出，关键技术逐步得到在轨验证。

（七）管道运输工程

世界管道运输行业持续向好，管道里程及货运量逐年增长，管道建设及运行管理技术趋于完善，管道运输覆盖领域越发广泛，新介质输送、智能化运行和低碳化发展是管道运输行业适应时代特点的主要立足点。

现代油气管道运输始于19世纪中叶，截至2020年底，我国境内建成油气长输管道累计达到14.4万km，其中天然气管道约8.6万km，原油管道约2.9万km，成品油管道约2.9万km（高鹏等，2021）。

（1）世界各国致力于扩大管道运输在煤浆、氢气、二氧化碳等新介质的输送领域中的应用范围。世界二氧化碳管道总里程约9400 km，氢气管道总里程不到5000 km。我国尚无商业运营的二氧化碳运输管道，已建成氢气管道100 km（蒋庆梅等，2019）。

（2）结合人工智能技术建设新一代智慧管网是世界各国管道运输行业的共同发展理念。基于区块链理念，美国建设了Transport4、INSDEtrack等，欧洲搭建了ICE Endex、Portale

Capacita 等管网数字化管理平台。我国目前尚无管网数字化管理平台，国内管网改革也进一步促进传统管网到智慧管网的发展和转变。

（3）低碳理念已深入融入管道运输行业的发展规划中。面对全球生态和环境恶化、气候变暖，高碳排放的运输行业成为实现减排目标的首要改革对象。

六、世界各国正在开展的重大科技计划及其预期成果

（一）欧洲智慧城市计划（European Initiative on Smart Cities）

1. 发起者

发起者包括欧盟智能家居（Living Lab）组织、美国国际商业机器公司（International Business Machines Corporation，IBM）等。

2. 主旨与措施

通过智能计算技术的应用，使城市规划建设、运营管理、教育医疗、交通运输、公用事业和公众安全等城市关键基础设施组件和服务更加交互与智能。智能计算技术的应用能够使城市更易于被感知，城市资源更易于被充分整合，在此基础上实现对城市的精细化和智能化管理，从而减少资源消耗，降低环境污染，解决交通拥堵，消除安全隐患，最终实现城市的可持续发展。

应用于建设智慧城市的信息技术包括以下几个方面。

（1）城市数字化。应用计算机、互联网、3S［即遥感（remote sensing，RS）技术、地理信息系统（geography information systems，GIS）和全球定位系统（global positioning system，GPS）］、多媒体等技术将城市地理信息和城市其他信息相结合，形成传统城市系统

数据的数字化集成平台，并存储于城市虚拟空间。

（2）城市交互化。城市空间全面链接物联网，通过社交网络、综合集成法等工具和方法的应用，实现以用户创新、开放创新、大众创新、协同创新为特征的信息社会环境下的可持续创新。

（3）城市智慧化。通过移动智能设施、物联网基础设施、云计算基础设施、地理空间基础设施等新一代信息技术，以及全媒体融合通信终端等工具和方法的应用，实现全面透彻的感知、宽带泛在的互联、智能融合的应用以及可持续的创新。

3. 预期成果评估

欧盟智能家居组织和 IBM 等希望通过智慧城市计划实现如下成果：高度集成和整合城市的各类信息，并在此基础上实现对城市的智慧管理，使得城市宜居、低碳和可持续。

（二）未来城市远见计划（The Foresight Future of Cities Project）

1. 发起者

发起者为英国技术战略委员会（Technology Strategy Board，TSB）。

2. 主旨与措施

联合国预测 2030 年 70% 的地球人口会生活在城市中。今天的创新中心城市和经济中心城市将提供约 80% 的全球国内生产总值，这些大型城市的结构、氛围和政策将广泛影响世界各地相通的生活，不仅会影响自然环境，还会影响国家和国际经济的发展。政府和专家学者积极主动地理解人们对未来城市的期望与人民的需求，并以可持续和综合的城市发展方式来与未来的需求达到平衡状态。未来城市远见计划的任务是预测英国城市在未来 50 年内可能面临的机遇和挑战（促进经济增长、满足住房需求、应对社会不平等的挑战），并制定相应的应对举措和政策。英国技术战略委员会联合创新人员、知名企业和大学成立未来城市研究中心，多个实验室和多学科团队为城市创新提供尖端设施。为了支持当前的城市规划和城市决策者，政府办公室开展未来城市项目，探讨未来城市是如何随着时间被设计，以及如何对目前的发展做出解释的。这直接影响城市在未来是如何被设计、建造和理解的，有助于更好地为本国公民和国家的需求制定政策。研究结果将详细说明和诠释“未来的城市”“智能城市”，并且有助于集中资源对公民期望的生活、工作和旅游城市进行研究。

3. 预期成果评估

该项目一方面可为英国政府的未来决策提供有力的依据；另一方面可为城市的未来发展提供解决方案，以英国城市为样本构建城市未来发展专家知识库，并与世界各地的城市共享解决方案。

（三）地球自然灾害防护计划（Disasters & Hazard Mitigation，DHM）

1. 发起者

发起者为美国国家科学基金委员会。

2. 主旨与措施

地球自然灾害防护计划旨在提高人类对自然灾害成因与作用的理解，进而为建立一个更加适合人类安全生存与发展的世界提供技术支撑。通过研究地球上最具摧毁性的灾难，如地震、飓风、洪水、海啸等，美国国家科学基金委员会希望通过地球自然灾害防护计划使得重大灾害防护与减轻成为可能。

地球自然灾害防护计划按逻辑划分为以下两部分主要内容：①自然灾害研究，美国国家科学基金委员会希望科研工作者在地球自然灾害防护计划中首先研究清楚各大自然灾害背后的物理机理；②灾害防护研究，鉴于自然灾害的损失绝大部分是由土木工程（包括建筑、桥梁等基础设施）在灾害中的倒塌、损毁与破坏造成的，美国国家科学基金委员会希望科研工作者在地球自然灾害防护计划中基于已知的各大自然灾害背后的物理机理研究其对土木工程基础设施的影响力、破坏力，以及可以采取的防护措施。

地球自然灾害防护计划按灾害类型划分为以下两部分主要内容：①地质类型灾害，包括地震、洪水、海啸、火山等；②气候类型灾害，包括飓风、台风、雷暴、龙卷风等，由于近年来人类活动使地球气候产生了明显的变化，气候灾害的肆虐将加剧。

3. 预期成果评估

美国国家科学基金委员会希望通过地球自然灾害防护计划实现如下成果：①更加深入地了解地球上的重大自然灾害的形成机理及其特点，并建立和完善其预测模型与预报措施；②更加准确地了解各大自然灾害对城镇基础设施的破坏效应，并提升其抵御自然灾害的能力。

（四）万物皆流动：变化中的自然与社会水文循环（“Panta Rhei—Everything Flows”：Change in Hydrology and Society）

1. 发起者

发起者为国际水文科学协会（International Association of Hydrological Sciences，IAHS）。

2. 主旨与措施

该计划旨在研究自然和社会水文循环系统之间的相互作用机理。水文系统作为连接人类与环境的纽带，对其开展预测与模拟研究，可以应对不确定性变化带来的挑战。该计划专注于采用跨学科的方法来研究水文活动，涉及横跨自然科学（水文学、地貌学、生态学）之间、自然科学与社会科学（经济、政治、政策科学）之间以及科学和实践之间（涉及水文学家、水资源管理者和从业人员）的协作和互动。该计划包括 6 部分内容：①构建自然与社会水循环系统相耦合的综合框架；②为了反映自然与社会水循环系统共同演化中的变化，构建的模型应考虑自然水文过程、流域特征、社会和生态系统等之间的互馈响应；③考虑自然水循环系统的变化对社会水循环系统的影响；④考虑自然和人类活动影响带来变化之间的相互作用关系；⑤富有前瞻性地利用新技术和新数据时代创新监测技术；⑥考虑多学科相耦合的方法。

3. 预期成果评估

一是，此项计划将为解决全球水危机提供先进的方法，并促进水文学的创新发展，在论坛、研讨会和从事相关领域的学术组织开展的活动中，将融合多学科领域，特别是社会科学；二是，此项计划更加强调将理论应用于实践，通过鼓励政策制定者、业务人员和研究机构广泛讨论与参与，增强政府组织、非政府组织、水资源管理者以及地方政府之间的联系。

（五）未来城市建设计划

1. 发起者

发起者为国际水协会（International Water Association，IWA）。

2. 主旨与措施

未来城市建设计划旨在通过统筹规划和基于水的决策制定来保障城市水安全。该计划指出，随着人口增长、城镇化进程加快、全球气候变化，城市发展的新陈交替随之改变，这要求水领域及其他相关领域的工作者要重新思考城市的水管理模式，使城市水系统具有以下功能特征：最低限度地使用稀缺水资源，保障人类健康，提高社会公平性和城市舒适度，减少能源消耗和温室气体排放，提高城市对气候变化的适应力。

未来城市建设计划分为三个层级。第一层级：再生水系统构建，目标是保证人类健康，并通过高效用水和水资源再生回用，保障水质、水量安全。为此提出“5R”实施策略，即“补给”（replenish）水体及其生态系统，“减少”（reduce）水和能源的使用，分质“再利用”（reuse）水资源，从废水中“回收”（recovery）能量和资源并“循环利用”（recycle）有价值的材料。第二层级：水敏感城市设计。从管理、保护和保存方面对整个城市的水循环进行一体化管理，打造对水资源可持续性、可恢复性和宜居性敏感的城市环境。为此提出4个建议和策略，即规划水敏感城市空间及城市设计、降低干旱洪涝风险、提高水的价值、改良和调整城市材料以减少对水污染的影响。第三层级：智慧水城市。借助全面的措施、强大的联盟和广泛的公民参与推动城市水章程的实施。通过发挥人的能动性和组织管理才能，凭借其专业优势，促成水相关领域的合作，最终实现智慧水城市的构想。通过以下策略，使智慧水城市超越传统的城市组织和管理框架：全民参与，强化水安全与规划、建筑、园林、能源等领域的融合协作，加强学科交叉创新，利用政策激励和奖励科技创新，跨尺度、跨学科协作治理。

3. 预期成果评估

国际水协会希望通过未来城市建设计划取得如下成果：①降低城市水循环的负面影响，提升城市供水效率和卫生服务水平，以及城市适应气候变化的能力；②通过智慧水城市建设促进创新和投资，催生持续的影响力、合理的制度和富有弹性的规划与基础结构；③促成公共机构、金融机构、技术及生产机构对水敏感城市的支持，完善水质规范纲要，强化洪水和干旱应急策略。

（六）欧洲铁路运输管理系统（The European Railway Traffic Management System，ERTMS）

1. 发起者

发起者为欧盟。

2. 主旨与措施

为进一步提升铁路部门的竞争力，作为欧盟战略的重要组成部分，欧洲铁路运输管理系统将为欧洲铁路提供统一的信号系统和列车控制系统，以降低成本，提高运输安全。20 世纪 90 年代，在欧洲共同体资助的研发框架计划中，欧洲铁路运输管理系统作为首批项目投入了研究开发，其中包括两个主要部分：一是地对车（track-to-train）系统，由铁路综合数字移动通信系统（global system for mobile communications-railway，GSM-R）移动、无线传输语音和数据；二是车载欧洲列车控制系统（European train control system，ETCS），该系统提供诸如列车超速防护（automatic train protection，ATP）等功能。欧盟与欧洲铁路和基础设施公司共同体（Community of European Railway and Infrastructure Companies，CER）、国际铁路联盟（International Union of Railways，UIC）、欧洲铁路工业联盟（Union of European Railway Industries，UNIFE）、欧洲铁路基础设施管理机构（European Rail Infrastructure Managers，EIM）等签署了谅解备忘录，确立了欧盟发展战略的基本原则，成立了一个指导委员会负责对6条泛欧铁路货运通道推广应用欧洲铁路运输管理系统进行指导和监督。

3. 预期成果评估

该系统包括地对车系统与车载欧洲列车控制系统两部分，由西门子（Siemens）、阿尔斯通（Alstom）、安萨尔多（Ansaldo）、阿特兰兹（Adtranz）、庞巴迪（Bombardier）等公司参与研发，从20世纪90年代至今，已经基本覆盖了欧盟所有国家，并发布了本领域的相关标准。根据欧洲铁路运输管理系统通道的分析研究中提出的一般方法、技术和假设条件，其目标就是确定铁路为应对其他运输模式的竞争而提高效益所需要的投资，以及通道战略和实施规划的效果。该研究考虑提高运输能力、运营效益，以及改善准入条件和方法。具体地说，包括标准化接口参数，增强指令、控制和信号系统，以及减少通道沿线业务需要的车载设备成本等。在显性成本-效益分析的基础上，每项研究提出了采用欧洲铁路运输管理系统的战略建议，以及为实现竞争性铁路通道目标需要的相关投资。成本效益的计算还需要考虑每个股东受到的影响并将其量化，为此，还需要进一步研究因资本投资而产生的线路使用费的变化或是基础设施运营成本的变化。

（七）轨道交通与运载工程领域的重大科技计划

1. 发起者

发起者为欧盟、英国、美国、日本等。

2. 主旨与措施

为应对中国轨道交通尤其是高速铁路领域的快速发展形成的可能优势，并保持其在轨道交通领域的全球领先地位，欧美国家和日本等均启动实施了大规模的轨道交通领域技术和产业创新计划；欧盟发布了“更加安全、绿色、智能的欧洲铁路运输系统”（Safer, Greener and Smarter Railway Transport for Europe）发展战略，美国发布了智能运输系统（Intelligent Railway System，IRS），日本也提出了铁路智能运输系统——CyberRail，等等。全球铁路装备制造业、创新能力资源、技术创新模式正处于大规模整合、重组和变革阶段，各发达国家和地区纷纷通过整合创新资源，开展新一轮大规模技术创新，以期持续保持其全球领先地位。

3. 预期成果评估

欧盟于 2014 年启动实施构建未来铁路系统联合行动计划——Shift2Rail（S2R），以提升和保持欧洲轨道交通的竞争力、在全球市场的领先地位以及形成单一的欧洲铁路地区为目的，在新一代基础设施、客运装备、货运装备、运输服务和跨领域融合技术和系统装备方面全面布局了创新任务，已形成具有全面塑造未来轨道交通的 54 项创新技术解决方案，并逐项实施产业化。这些解决方案涵盖了新材料、新能源、新兴信息技术等诸多领域，为智能化、绿色化、谱系化和多样化的新一代轨道交通系统奠定了体系化的技术与产业发展基础，并对我国轨道交通技术和产业的发展及全球竞争力的提高形成全方位的战略遏制。因此，我国进行体系化的铁路科技创新发展战略研究迫在眉睫。

（八）应对更高程度自动驾驶（Hi-Drive）的挑战

1. 发起者

发起者为欧盟。

2. 主旨与措施

在欧盟“地平线2020”计划的统一部署与支持下，Hi-Drive项目通过将智能车辆技术应用于欧洲和海外交通中没有经过广泛测试的场景中，从而使自动驾驶变得更加强大和可靠。该项目的目标是大幅扩大运行设计域，由此可以降低驾驶员需要干预驾驶的频率。

3. 预期成果评估

该项目的目标是大幅扩展当前自动驾驶状况下的运行设计域，因此，项目的概念会建立在实现广泛且连续的运行设计域上，使得自动驾驶可以运行更长的时间，并确保在跨国家边境和跨汽车品牌的情况下实现互操作性。Hi-Drive的测试和评估方法是系统性的，从孤立单一的自动驾驶功能，经过用户，最终到达交通系统层面，以此来评估社会经济的变化。另外，Hi-Drive利用从测试中收集的数据，评估影响用户行为和接受度的因素，以及与自动驾驶车辆交互的其他道路使用者的需求，最终为高度自动驾驶引入市场提供可行的商业模式。

（九）基于智能网联汽车的新一代车辆能源控制技术（NEXTCAR）

1. 发起者

发起者为美国能源部（United States Department of Energy，U.S. DOE）。

2. 主旨与措施

该项目旨在使技术能够使用连接性和自动化来共同优化车辆动态控制与动力总成操作，从而减少车辆的能源消耗。车辆动态和动力总成控制技术在单个车辆的基础上、在一组合作车辆或整个车队中实施，可以显著提高单个车辆的能源效率，并最终提高车队的能源效率。

3. 预期成果评估

开发 NEXTCAR 计划中那样的智能网联动力总成控制技术，进一步提高车辆的能量效率，从而提高美国国内车队的效率，并进一步减少美国对化石燃料的依赖。

（十）自动驾驶系统战略创新促进（Strategic Innovation Cross Promotion Program Automated Driving for Universal Services，SIP-adus）项目

1. 发起者

发起者为日本内阁政府。

2. 主旨与措施

该项目采取官民合作方式，推进自动驾驶相关基础技术研发，扩大官民合作领域。作为日本《道路交通安全法》的执法主体，2016 年 5 月日本警察厅颁布《自动驾驶汽车道路测试指南》，允许开始自动驾驶汽车道路测试试验。同时还提出以下要求：在上路前必须要经过封闭实验场地测试；上路时必须要遵守现行交通法规，必须有驾驶员坐在驾驶座位上，必须要安装行车记录仪等。

3. 预期成果评估

该项目希望通过投资自动驾驶等新技术的研发来推动日本经

济增长，提出 L3 级别的自动驾驶车辆于 2020 年实现量产销售、到 2030 年达到国内新车销量占比 30% 的目标。大力推进智能网联汽车示范项目，通过智能网联汽车示范项目，明确商业模式，确立重要技术，借助示范项目取得的成果，完善社会制度、基础设施等社会系统，提高社会接纳程度。

（十一）水路交通与运载工程领域的重大科技计划

1. 发起者

发起者为挪威船级社（Det Norske Veritas，DNV）与德国劳埃德船级社（Germanischer Lloyd，GL）、英国交通部（Department for Transport）。

2. 主旨与措施

在重大科技计划及预期成果方面，2019 年 1 月，英国交通部发布了《海事 2050 战略》（Maritime 2050），其内容包括智能船、岸基控制、无人驾驶等。在未来预测方面，根据世界海事大学的报告《交通 2040：自动化、科技、就业——未来工作》（Transport 2040：Automation，Technology，Employment—the Future of Work），到 2040 年左右，远程监控下的自主船舶预计将达到 15% 左右；按照国际海事组织（International Maritime Organization，IMO）提出的减排战略，2030 年左右碳排放强度降低大约 50%，2050 年碳排放强度降低 70%，在 21 世纪内达到零碳排放的目标。

（十二）美国“下一代空中主宰”（Next-Generation Air Dominance，NGAD）项目

1. 发起者

发起者为美国空军部。

2. 主旨与措施

“下一代空中主宰”是美国的六代机项目，旨在发展跨空、天、网、电，并能与地面/水面能力强联合的网络化系统簇，以获取空中优势（Post，2021）。

3. 预期成果评估

“下一代空中主宰”战斗机仍处于保密状态，其全尺寸飞行验证机于2020年首次完成秘密飞行。预期典型技术特征包括能够与装有下一代先进电子攻击装备、先进综合防空系统、无源探测系统、综合自防御系统、定向能武器和网络电磁攻击设备的敌军对抗。

（十三）单一欧洲天空空中交通管理研究（Single European Sky ATM Research，SESAR）计划

1. 发起者

发起者为欧洲空中航行安全组织（European Organization for the Safety of Air Navigation，EUROCONTROL）。

2. 主旨与措施

SESAR是欧洲空中交通管理现代化进程中的里程碑计划，旨在实现欧洲高空空域的统一协调和指挥，构建高效、统一的欧洲空中交通管理体系，最大限度地提高欧洲空域使用的灵活性和空域运行的效率（Bolic and Ravenhill，2021）。

3. 预期成果评估

在以服务为导向的架构中，借助数字技术，可将提供信息服务与执行信息服务的物理硬件分离，并可以在任何地方运行，从而实现空中交通管理服务虚拟化。

（十四）俄罗斯未来远程航空系统（PAK-DA）

1. 发起者

发起者为俄罗斯国防部。

2. 主旨与措施

PAK-DA 具有多种功能，将作为轰炸机、指挥中心和侦察机使用，由俄罗斯图波列夫航空科学技术联合体和联合航空制造集团公司联合开发，目标是确保俄罗斯空军在未来与美国拥有相同实力甚至超越美国的战略轰炸力量。

3. 预期成果评估

预期 PAK-DA 的主要特点包括：隐身特性，采用特殊吸波涂层、飞翼布局的外形设计、矩形发动机喷口形状；具有灵活的起降能力；新型武器配置，可携带多种类型的巡航导弹和高精度的制导炸弹；全新电子设备；新型发动机，具备抗核爆炸影响的能力。

（十五）航天运载工程重大科技计划

1. 发起者

发起者为美国相关公司。

2. 主旨与措施

为了实现人类向火星开展大规模的人员和货物运输，美国 SpaceX 公司目前正在研制“星舰”重型运载火箭系统，“星舰”是一个完全可重复使用的运输系统，设计用于将宇航员和货物运送到地球轨道、月球、火星和更远的地方。美国计划在 2025 年前实施 3 次小行星探测任务，分别为 2016 年的小行星采样返回任务“源光谱释义资源安全风化层辨认探测器”，2020 年与欧洲空间局（European Space Agency，ESA）合作实施的“小行星撞击与偏转评估”任务，以及2020～2021年发射的“小行星重定向飞行器”。其中，“小行星重定向飞行器”将负责捕获小行星的一块巨石，并将其拖至月球轨道。2021年4月，美国诺斯洛普·格鲁曼（Northrop Grumman）公司的“任务延寿-2”（MEV-2）在轨服务飞行器与国际通信卫星公司的“国际通信卫星10-02”在轨通信卫星成功对接，这是首次在轨服务飞行器在静地轨道上同现役商业卫星对接。

（十六）欧洲氢能骨干计划（European Hydrogen Backbone Plan，EHBP）

1. 发起者

发起者为欧洲氢能骨干网（European Hydrogen Backbone）。

2. 主旨与措施

为进一步发挥管道在助力碳达峰和碳中和方面的重要枢纽作用，行业协会欧洲氢能骨干网更新了其专用氢交通基础设施的愿景，发起欧洲氢能骨干计划。该计划由Enagás（西班牙液化天然气终端运营商）、Energinet（丹麦国有能源公司）、Fluxys Belgium（比利时天然气输送和储存基础设施以及液化天然气终端的所有者和运营商）、Gasunie（荷兰天然气公司）、GRTgaz（法国天然气网络运营商）、NET4GAS（欧洲天然气基础设施公司）、OGE（美国能源公司）、ONTRAS（德国天然气管道运营商）、Snam（意大利天然气运营商）、Swedegas（瑞典油气公司）和Teréga（法国天然气储存运营商）制定，并得到Guidehouse（美国调研机构）的支持。两家公司预计，从2020年开始，全球氢能网络将逐渐形成，提议2030年建立一个11 600 km（2020年是6800 km）的氢气运输网络，到 2040 年达到 39 700 km（2020 年是约 23 000 km），目标是向 21 个国家运输氢气，并在 2040 年后进一步增长。最终，将出现两个平行的气体运输网络：一个专用的氢气运输网络和一个专用的（生物）甲烷运输网络。

3. 预期成果评估

创建气体运输网络的成本估计为 27 亿～640 亿欧元，平准化成本估计为每千克氢气每 1000 千米 0.09～0.17 欧元，从而使氢气能够在整个欧洲以具有成本效益的方式进行长距离运输。根据欧洲氢能骨干提出的倡议，其目标就是确定氢气管道有足够的潜力运输绿色氢和蓝色氢，以满足未来欧盟和英国的能源需求。该计划提高了清洁能源的运输能力，并可对潜在投资和效益进行评估。

第二节　工程学科的科学前沿

未来 15 年，我国工程学科将围绕国民经济与社会可持续发展主题开展相关研究，结合我国重大需求及国内外相关研究前沿，研究重点将集中在以下 5 个方面：①可持续发展的建筑与土木工程；②环境污染控制、生态修复与资源循环利用；③先进交通工程；④资源与能源需求牵动的水利科学与海洋工程；⑤绿色可持续的城镇化。

一、可持续发展的建筑与土木工程

在我国工程科学的总体格局中，建筑与土木工程学科居于不可或缺的战略地位，深刻影响着人居环境、城镇化进程乃至社会可持续发展。新中国成立以来，我国经历了世界历史上速度最快的城镇化进程和规模最大的基础设施建设，城镇建设与城市发展取得了举世瞩目的成就。2021 年末，我国常住人口城镇化率达到 64.7%，城市数量达到 691 个（国家统计局，2022）。迅速扩张的现代化城市，令人目不暇接的高层建筑、大跨桥梁，以及各类现代化的工程基础设施及其系统，既反映着我国的社会进步水平，也承载着现代社会可持续发展的希望。与此同时，我们必须十分清醒地认识到，在经济和社会快速发展的同时，我国城镇化与城市发展的瓶颈问题日益凸显，自然灾害对城市与工程基础设施的破坏触目惊心。

建筑学科以工程科学为基础，兼具自然科学、人文社会科学等学科特点，理论与实践应用并重，并具有突出的规划或设计创意特征。与建筑学科密切相关的城乡建设和建筑业在国家建设与经济社会发展中居于支柱性的重要地位。伴随着人类文明进步和城镇化进程，建筑学科涵盖了包括自然地景、城乡土地、建筑环境的规划设计和场所营造的广阔对象。通过科学、人文和艺术结合的建筑设计及其环境营造、城乡规划、风景区规划设计等，建筑学科为人类生存和发展及人居环境建设做出了重大贡献。在我国，建筑学科所依托的基础理论、技术方法及丰富的工程实践，紧密服务于城镇化进程，并将会在未来的新型城镇化和城乡人居环境可持续发展中继续发挥关键性的重要作用。

改革开放以来，我国土木工程学科突飞猛进地发展，有力支撑了我国的大规模基础设施建设，解决了一系列大型复杂土木工程建造的重大难题，起到了为国家重大战略顺利实施保驾护航的重要作用。针对“一带一路”倡议，以及雄安新区、粤港澳大湾区、海洋强国、交通强国建设等国家重大战略的实施，工程基础设施建设仍将继续成为我国未来经济社会发展的重要引擎，土木工程学科作为重要的基础性学科，仍将发挥重要支撑作用。

相关前沿学科方向主要包括以下方面：①基于可持续发展的绿色建筑设计理论与方法；②先进数字技术支撑的城市规划与设计；③乡村人居环境改善方法与技术；④高性能土木工程结构；⑤极端荷载与恶劣环境下的重大土木工程设施建造；⑥土木工程智能建造、绿色建造与建筑工业化；⑦地下空间开发和地下结构安全关键理论与技术；⑧“三深两极一高”复杂赋存条件岩土力学与工程；⑨高速铁路、海底隧道结构安全与运行的关键技术；⑩土木工程综合防灾减灾技术；⑪现代土木工程物理与数值模拟技术；⑫土木工程全生命周期运维及功能提升技术。

二、环境污染控制、生态修复与资源循环利用

改革开放四十多年来，我国经济快速发展，跃升为世界第二大经济体，但同时也带来了环境污染与生态破坏等严峻问题，严重威胁公众健康与生态安全，显著制约社会经济的可持续发展。环境污染已成为我国生态文明建设的突出短板。因此，环境工程学科在我国工程学科总体格局中的地位越来越重要，在污染防治攻坚战以及美丽中国、健康中国和生态文明建设等国家重大战略中，发挥着不可替代的基础性支撑作用。

环境问题的复杂性决定了环境工程学科的综合交叉性。通过融合物理学、化学、生物学、生态学、化学工程、土木工程和社会科学等多学科的基础理论与方法，以解决复杂的实际环境问题为导向，已形成独立且完整的环境工程学科基础理论、方法体

系和技术体系。同时，环境工程学科的基本理念和基础理论为其他学科的发展赋予了新的时代特征与生长点，带动了生态城市、低碳建筑、绿色建造、生态水利、蓝色海洋等新兴学科方向的发展。

随着经济社会和人类文明的发展，环境问题的内容和形式不断发生变化，环境工程学科的内涵不断丰富，外延不断拓展，基础理论不断深化，方法体系和技术体系不断完善，在社会发展中的地位越来越重要，与其他学科的交叉融合也越来越广泛和深入。我国环境问题的特殊性、复杂性和解决环境问题的紧迫性，成为环境工程学科快速发展的强大动力。

相关前沿学科方向主要包括以下方面：①水质风险与控制；②空气复合污染与控制；③固体废物资源转化与安全处置；④区域复合污染治理与生态修复；⑤生态环境系统工程与风险控制；⑥多介质污染控制；⑦土地污染的场地修复。

三、先进交通工程

（一）轨道交通与运载工程

轨道交通科技发展的颠覆性与前沿技术主要包括轨道交通尖端装备领域前沿技术、“轨道交通＋信息”领域前沿技术、“轨道交通＋能源”领域前沿技术、“轨道交通＋材料”领域前沿技术四个方面。

（1）轨道交通尖端装备领域前沿技术主要包括：时速 600 km 级高速磁悬浮系统，时速 400 km 级高速轮轨（含可变轨距）客运列车系统，低真空管（隧）道高速列车等技术，3 万 t 级重载列车以及时速 250 km 级高速轮轨货运列车等（新华社，2019）。

（2）“轨道交通＋信息”领域前沿技术主要包括：以大数据及数据分析技术等为代表的新兴数据科学与技术、新兴计算技术、物联网技术、智能技术、感知增强与场景表达技术、天临空基位置服务技术、新一代无线通信技术。

（3）“轨道交通＋能源”领域前沿技术主要包括：突破清洁能源开发、配置、协调控制等技术，建立科学可行的清洁能源发展机制，发展清洁能源已成为该领域科技和产业发展的主要方向与本质需求；能源互联网实现能源需求与生产供给协调优化以及资源优化配置（国务院，2015b）。

（4）“轨道交通＋材料”领域前沿技术主要包括：增材制造技术、高性能合金及结构成形技术、碳基复合材料及其制备与结构成形技术、陶瓷基复合材料及其制备与结构成形技术、优异本构理化性能的高分子材料及其制备与结构成形技术、传统材料的纳米化改性技术、基于新材料和新效应的新型传感器技术。

（二）道路交通

全球科技迅猛发展，科学技术前沿不断拓展，学科间交叉融合加速，产业体系汇聚重构已成常态。相关领域科技的快速发展并与道路交通领域深度融合，形成并强化了道路交通科技发展的新趋势。综合来看，未来道路交通系统将通过网联化、智能化、绿色化和共享化来实现零伤亡、零延误和零排放。

利用先进的信息、通信、传感、智能化及能源互联等技术，将车和路之间的关系进行重构，是道路交通系统的发展趋势。车路一体有助于提高道路交通系统的安全和效率，改善个体出行体验，这一点目前已在国内外形成了广泛共识，并且成为科技竞争的焦点。面向车路一体的发展趋势，针对车-路耦合、车-车耦合等核心内容，通过学科交叉融合，突破基础理论和关键核心技术，将切实助力我国在新一轮道路交通运输系统的科技竞争中取得领先地位。

（三）车辆工程

当前，地面运载工程学科已经从传统的“机械底盘、内燃动力、车身设计、汽车电子”体系转变为以“智能化、网联化、电动化、低碳化”为特征的新体系。地面运载工程的学科内涵仍然是人-车-路交互耦合关系。本学科的发展可以分为车辆设计与优化、车辆系统动力学、车辆动力传动与能源系统及车辆系统智能化与运用四个方向。

（1）在车辆设计与优化方面，不再是以单一维度设计目标为考量的孤立设计节点，而是包含了车身造型结构、整车轻量化、车辆安全与可靠性、关键零部件及总成设计等的多元设计对象。

（2）在车辆系统动力学方面，逐渐从“车辆子系统模型、驾驶员模型”向“人-车-环境耦合、多执行器协同及人车协同控制”的方向发展。

（3）车辆动力传动与能源系统方面呈现“百花齐放”的态势。在电池、电机、电控“三电”技术和智能技术的加持下，内燃动力、混合动力、纯电动力和氢能动力相得益彰，共同发展。

（4）在车辆系统智能化与运用方面，高等级的自动驾驶系统仍面临安全性、协同性、统一性、标准化等方面的挑战，智能汽车架构与标准方法存在不足，缺乏多车跨场景协同控制方法。

（四）水路交通与运载工程

水路交通领域的科学方向和科学前沿主要包括以下 8 个大类。

（1）水路交通系统规划与设计：水路交通运输空间规划、水运网络设计、港口集疏运一体化、港口系统资源协同、港航用能体系优化、多式联运衔接等技术。

（2）水路交通信息与控制：深远海船舶和海洋环境信息感知方法，内河和沿海水域信息融合理论，内河、湾区和港口交通控制理论。

（3）水路交通安全与环境：交通流演化机理，事故致因机理，韧性提升、节能减排、污染物回收等技术。

（4）水路交通运营与服务：智能化数字水路交通管理、一体化运输、水路交通科学决策与优化、水路交通安全保障、绿色水路交通等技术。

（5）水路交通装备节能与控制：水路运载工具自主航行、测试仿真、运动规划、一致性控制、人机共融、新能源、绿色能源动力、环保节能减排等新理论及关键技术。

（6）水路运载装备与系统可靠性和运维：绿色航运、节能增效、智能监测、可靠运维、清洁燃料可靠性与适配技术。

（7）港口系统与装备：港口新型自动装卸系统优化和信息融合理论，污染与能源韧性作业，港口装备智能监测和安全制造方法。

（8）水路交通基础设施管养：智能监测及评估、基础设施智能与信息管养、水运基础设施运行协同、全生命周期安全控制方法、内河航道稳定性协同调控等技术。

（五）航空交通与运载工程

航空交通与运载工程主要围绕以下 8 个方向开展前沿研究。

（1）在航空器设计领域，未来将重点突破新一代环保型跨声速 / 超声速客机、新概念先进无人机、高超声速飞行器、新能源飞行器、空天飞行器的基础理论和关键技术。

（2）在航空器动力学领域，面对信息化、虚拟化、智能化等发展趋势，未来将重点突破航空器力学基础、航空器信息空间动力学与智能控制、航空器复杂飞行环境感知与容错控制等所涉及的基础理论和关键技术。

（3）在航空器能源与推进系统领域，未来将重点突破推进系统智能传感与控制、系统自主诊断与修复、飞机-发动机一体化与发动机本体一体化、高速涡轮动力系统、组合动力系统、绿色能源动力所涉及的基础理论和关键技术。

（4）在航空器可靠性与运维领域，未来将重点突破以可靠性为中心的精确维修、数据驱动的维修决策、飞机及其系统自主诊断与健康管理所涉及的基础理论和关键技术。

（5）在机场规划建养与运维领域，未来将重点突破机场基础设施韧性提升、复杂机场建养、机场数字孪生、机场全域态势智能感知、机场全局风险精细预警、机场全域运行协同决策所涉及的基础理论和关键技术。

（6）在航空交通管理与信息控制领域，未来将重点突破航空智联网、空域柔性管理，以及基于航迹运行、空地一体运行、军民融合运行所涉及的基础理论和关键技术。

（7）在航空运行安全与应急领域，未来将重点突破航空事故机理与防控、航空人为因素、民用飞机安全管理、航空器运行风险监测与预警、航空应急救援与特情处置所涉及的基础理论和关键技术。

（8）在临近空间系统与工程领域，未来将重点突破临空平台循环能源、临空平台综合航电、平流层平台飞行控制、临空系统运维保障、平台结构监测与管理所涉及的基础理论和关键技术。

（六）航天运载工程

开展航天器动力学与控制的研究在航天技术的发展中至关重要，其核心是对航天器在太空自由飞行状态下的动力学特性及其与控制系统之间的力学耦合问题进行分析、仿真、评估、优化与试验，从而发展有效的方法促使航天器在各阶段平稳可靠地运行。航天器技术快速发展，已经朝大型空间站、微小卫星、深空探测等方向发展。航天器结构表现出多耦合、非线性、极端外界环境、大尺度柔性结构等特征。

空间运输包括地面与近地空间、卫星之间的运输及空间站与其他航天器之间的转运、各星球之间的运输等。空间在轨服务是通过人、空间机器人或人机协同等空间操作，完成碎片清理、物资补给、在轨组装重构、在轨维修保障等任务的空间活动。空间运输是空间在轨服务的前提与保障，空间在轨服务是空间运输的重要任务，两者的技术体系相互支撑。

航天器飞得更远、飞得更快、飞行更经济对航天推进与空间能源技术提出了更高要求。应重点关注航天推进剂精细化设计及其能量释放的精准调控等关键技术，研制性能更高、变推力范围更大、空间适应能力更强的重型运载火箭技术和先进空间化学动力技术，满足月球探测和载人登月动力需求。

（七）管道运输工程

管道运输和铁路运输、公路运输、水路运输、航空运输共同组成了现代交通运输系统，是国家工业发展的基石。我国的管道运输业实现了从无到有、从小到大的跨越式发展，基本形成“横跨西东，纵贯南北，覆盖全国，联通海外”的油气管网格局。

目前，我国管道运输发展在规模、结构、布局、运行、机制等方面仍存在一些问题。管道网络规模仍需发展，油气应急调峰能力有待提升；管道网络布局仍需完善，互联互通和网络韧性还需增强；管道智能化水平有待提高，运行可靠性仍需提升；市场化运营机制有待健全，监管机制仍需完善。智能化、信息化、市场化和低碳化将成为管道运输业的新趋势（新华社，2021c）。

四、资源与能源需求牵动的水利科学与海洋工程

我国正处于经济高质量发展时期，资源与能源问题已经成为制约我国经济社会更快更好发展的瓶颈，迫切需要工程学科提供解决方案。

水是基础性的自然资源和战略性的经济资源，是生态与环境的重要控制性要素。水资源的有效利用和安全保护是国民经济发展的有力保障，水利水电工程的高效和安全运行是国家能源战略与公共安全的重要方面。我国部分地区水资源保障程度低，国民健康、粮食安全、环境治理和生态保护的需求与水资源、水能不平衡之间的矛盾尖锐。受一大批已建和在建大型岩土工程与水利水电工程的强力牵引，岩土力学、水工结构和水力机械的基础研究不断深入，应用领域不断扩大。岩土工程从浅表向“三深两极一高”拓展的态势已经形成；大量水利水电工程进入中长服役期，安全保障与风险防控面临严峻挑战。随着全球气候变化、人口增长、城镇化进程和经济快速发展，新老水问题更加突出。在新的历史时期，国家提出了“一带一路”倡议和京津冀协同发展、粤港澳大湾区建设、推动长江经济带发展等战略，水利工程面临新挑战和新机遇。

海洋是经济社会发展的重要依托和载体，党的十八大提出了

“海洋强国”战略，党的十九大报告指出“坚持陆海统筹，加快建设海洋强国”（习近平，2017）。国家对海洋建设的重视达到了前所未有的高度。在合理开发利用与保护海岸及海洋资源、维护海洋权益、确保海上运输安全等方面发力，对我国建设海洋强国意义重大。

相关前沿学科方向主要包括以下方面：①水系统协同演化与水资源智慧管理；②农业绿色高效用水理论与水土资源可持续利用；③流域生态系统健康理论与水利工程影响机制；④自然-人工双重作用下的水网演化机理；⑤水力机械多尺度多相流动；⑥“三深两极一高”复杂赋存条件下的岩土力学与工程；⑦水利水电工程全生命周期的性能分析与灾变控制；⑧海岸带资源的可持续利用与保护修复；⑨极地工程；⑩深海资源开发与利用；⑪智慧海洋与智能装备。

五、绿色可持续的城镇化

在绿色城镇化制度框架设计上，要推进绿色城镇化相关法律法规、标准规范、指标体系的制定；要以资源环境承载能力和国土空间开发适宜性评价为基础合理确定城镇发展规模与强度，在城市群、都市圈内构建多中心、网络化、组团式的城镇发展格局，以及整体性、系统性、连通性的生态安全格局，维护生物多样性，保护生物栖息地、迁徙廊道不被破坏。优化与绿色出行方式相匹配的城市综合交通体系，建设步行友好型城市。探索基于新能源、分布式能源的能源供应网络，全面推广绿色建筑和建造，推进水资源的循环高效利用，发展循环经济，实施垃圾分类收集和资源化利用，建设韧性城市、海绵城市、健康城市，提高城市应对外部风险的能力。

相关前沿学科方向主要包括以下方面：①基于可持续发展的城市与区域规划理论及方法研究；②基于绿色城乡建设要求的城市更新和城市生态修复研究；③绿色基础设施标准规范和支撑体系研究；④智慧城市标准体系建设研究；⑤应对极端气候变化的城市综合防灾和安全韧性研究。

第四章

发展思路与发展方向

工程学科涵盖的范围广，涉及国家战略需求的领域多。围绕21世纪人类共同面临的资源、能源、环境、人类与自然和谐等问题，面向国际工程科学的前沿，针对我国新型城镇化、雄安新区、粤港澳大湾区、交通强国、海洋强国等战略需求和工程学科未来15年的发展战略目标，确定了工程学科的6个优先发展领域、6个重大交叉研究领域和8个国际合作研究领域等。

第一节　未来15年的优先发展领域

一、建筑学与城乡人居环境设计原理及技术体系

中国正逐步进入城镇化的新阶段，城镇化与城市发展将面临“继续高速增长”的机遇与“新型精细化发展”的挑战并存的

局面。习近平总书记在党的十九大报告中指出，“坚持以人民为中心”“坚持在发展中保障和改善民生”“坚持人与自然和谐共生”“实施区域协调发展战略”“实施健康中国战略”“加快生态文明体制改革，建设美丽中国”“形成绿色发展方式和生活方式”“以城市群为主体构建大中小城市和小城镇协调发展的城镇格局”（习近平，2017）。中国新型城镇化将进入绿色化、智慧化、宜居化、共享化的历史发展新阶段。

建筑学通过把握国际城镇发展和城镇建筑环境整体优化的先进经验及其内在规律，在科学发展观的指导下，基于低碳绿色、节能环保、建设和谐社会的基本理念，为中国城市化进程、城镇建设及其所支撑的建筑业发展提供基础科学理论和方法的支撑。鉴于中国在当今世界的地位和面临的可持续发展的挑战，中国的问题就是世界的问题，中国城镇建筑学所迫切需要解决的科学问题就是国际学科前沿的科学问题。

本领域重点研究方向包括以下方面。

（一）基于可持续发展的绿色建筑设计理论与方法

建筑设计理论与方法在基于建筑设计本体基本问题（如空间、功能、历史、技术、材料、结构等）的研究基础上，正不断与其他专业结合拓展其外延。建筑与城市设计、建筑与数字技术、建筑与基础设施、建筑与交通等新兴交叉领域，形成具有差异化的整合和重构式发展模式。进入 21 世纪以来，传统建筑设计方法和建造技术发生了深刻的变革，以智能化、信息化、数字化技术为引导的建筑设计成为前沿研究领域。在可持续发展背景下强调节能与环境品质的性能化建筑设计受到持续关注，同时算法和人工智能与建筑设计的融合催生了崭新的设计方法。因此，基于可持续发展的绿色建筑设计理论与方法成为建设宜居城市的重要研究方向。

关注绿色建筑生产建设的全链条，从设计到建造再到运营管理，研发支撑绿色建筑全生命周期的关键技术群。具体研发绿色建筑性能模拟和智能优化技术，开发新一代高效能绿色建筑性能模拟与优化软件；研发基于多专业协同的绿色建筑整合设计技术；研发以工业化为代表的绿色建筑建造技术和以智能化为核心的绿色建筑运营管理技术；研发绿色建筑性能在线监测与优化调节技术；研发在不同地理、气候、资源条件下的地域绿色建筑设计与建造技术；研发绿色建筑整体性能评估技术；研究建筑信息模型技术在绿色建筑中的应用；研发建筑新能源应用技术；通过与信息、能源、材料等学科的交叉，提高相关先进技术、材料、产品在绿色建筑上的应用及效能。

（二）先进数字技术支撑的城市规划与设计

探索先进数字技术在建筑领域的应用及其对建筑设计和建造的影响，研发并形成一整套建筑数字设计和数字建造关键技术群。具体包括：研究数字技术驱动的建筑形态与空间生成方法；研发机械臂、工业机器人、3D打印等先进制造手段在建筑建造上的应用；研发建筑的数控建造技术；研发非线性复杂建筑的数字化设计与建造控制技术；研发物理计算技术及其在建筑设计上的应用；研究各类算法在数字建筑上的应用及其效能。

以互联网、大数据等为代表的先进数字技术在城市空间分析、城市群体时空行为特征分析、城市一体化定量分析等方面的应用已经取得了一系列重要成果，显著拓展了城市规划和城市设计学科的研究范围，并已经成为人居环境改善和品质提升的重要研究与实践方向。主要包括：围绕国家发展战略，建立具有中国特色的城乡规划和城乡融合发展理论体系；加强城乡规划全链条的研究，建立服务新型城镇化建设实践的适应性方法和技术体系；加强数字化城乡规划技术研究，应用城乡空间认知新模式有效强化规划的决策支撑；面向城市建成环境品质提升以及社区营造、文化传承、活力提升等，以高容量、高速度、多样性的大数据为分析基础，为城市的精细化设计、人本化设计以及存量化设计及其建设实施提供有效的数据支撑；建构从数字采集到数字设计再到数字管理的数字化城市设计的全流程技术体系和标准，并进行多模块协同，共建城市设计平台。

以规划设计生态、低碳的城市与乡村为目标，以经济、环境、社会、人文协调发展为理念，通过多学科交叉，研发并建立起生态低碳城乡规划设计技术。具体包括：研发城乡资源环境承载力的动态评估技术，将其作为规划设计的基础和前提；研发紧凑型城市和空间集约利用的规划设计技术；研发城市低能耗空间规划组织技术；研发城市物理环境改善和优化技术，包括监测、模拟和规划设计等；研发宜居空间形态生态设计技术；研发适应地理、气候、社会、经济条件的乡村规划设计技术；研发交通与空间互动的协同规划设计技术。

（三）乡村人居环境改善与城市更新方法及技术

随着中国城镇化进程进入新阶段，城市的扩张和发展速度趋稳，相对落后的乡村建设问题成为焦点。乡村人居环境改善虽不是严格意义上的学科前沿领域，却是对经济社会发展需求的直接回应，是近年来建筑学科关注的重点之一。我国乡村普遍存在规划失序、基础设施落后、居住品质低下、文化特色丧失等突出问题，急需学术界提出改善乡村人居环境的富有针对性的理论、方法和技术，包括乡村规划理论与方法、乡村基础设施建设适应性技术、乡村特色景观营造理论与方法等。

针对城市中心区、居住区、工业区等不同类型的城市空间，研发城市更新和再利用的关键技术群，实现提升城市空间品质、改善人居环境的目标。具体包括：研发城市综合整治与有机更新的技术；研发地上地下整合的城市空间深度开发技术；研发城市空中慢行交通系统的立体分流技术；研发公共交通与大型公共建筑高效无缝连接的建筑交通一体化技术，实现基础设施互联互通；研发基于大数据的城市更新模式和策略构建技术；研发跨工种、多部门协同的城市协同监测管制技术；在城市更新的大背景下，研发不同类型建筑的改造和再利用技术。

（四）地域建筑和城市设计及文化遗产保护技术

基于国际建筑学科已形成的普遍性理论和原则，在尊重并传承丰富的中华文脉的基础上，研究并形成适合不同地域的建筑与城市设计关键技术群。具体包括：研究基于中国特有地域条件和文脉特点的建筑与城市设计的理论、方法及思想体系；活化利用历史文化资源，塑造传承历史文化的特色风貌；研发综合考虑材料、构造、空间、形式的地域建筑设计技术；研发绿色生态的城市形态控制与设计技术；研究建筑与城市设计效能评价的指标体系及评价方法；开展工程实践，评价相关理论、方法、技术的价值与效果。

改变城乡及建筑文化遗产破坏严重的局面，促进遗产保护与城乡建设的协调发展，研究并建立起城乡及建筑文化遗产的适应性保护关键技术群。具体包括：研发城乡及建筑文化遗产的价值评价技术；研发不同类型、不同尺度文化遗产的适应性保护与再利用技术；研发城乡及建筑遗产的高效精细测绘技术；研究建筑遗产关键材料的性能退化机理和耐久性评价技术；研发建筑遗产本体的保护技术并开发相关保护材料和工艺。

二、可持续高性能土木工程基础理论与关键技术

新型城镇化建设、海洋强国、交通强国等国家重大战略的实施对土木工程学科提出了新的需求，可持续发展社会的建设压力和人口红利的减退迫切要求传统土木工程产业变革与创新，人工智能、先进材料等学科的突破为土木工程学科发展提供了全新的机遇。

我国重大土木工程建设的规模位居世界之首。世界上高度居前 10 位的高层建筑中，我国有 6 栋；世界上跨度最大的 10 座斜拉桥中，我国有 7 座；世界上跨度最大的 10 座悬索桥中，我国有 3 座；长江三峡水利枢纽工程是目前世界上规模最大的水利工程，小湾电站拱坝（坝高 297 m）和锦屏一级水电站拱坝（坝高 305 m）是目前世界上在建的最高拱坝。据统计，我国每年以土木水利工程为主的基础设施建设规模已经超过世界上其他所有国家的总和（陈欢欢，2017；葛耀君和项海帆，2010）。重大土木工程造价高，关乎经济社会命脉，其抗灾能力和安全水平尤为重要。

我国是世界上自然灾害最为严重的国家之一，灾害种类多、发生频次高、影响范围大，加上防灾减灾科学技术相对落后、经验不足，与发达国家相比，灾害损失更为严重。据统计，近 10 年来，我国平均每年的灾害损失超过 3000 亿元（国新网，2021）。重大土木工程灾害破坏导致城市和区域功能的瘫痪，影响国民经济的发展，极大地威胁着人类生存和社会发展。重大土木工程防灾减灾已经成为保障我国经济和社会可持续发展的重大需求。

我国人口众多，是资源和能源消耗大国，同时也是环境污染和生态破坏十分严重的国家。土木工程是人类赖以生活和生产的基本载体，土木工程灾害、安全、寿命与功能是衡量其可持续发展的要素，也关乎人类的生存与安全。土木工程可为社会可持续发展提供解决方案和技术支撑，土木工程自身建设和运行的节能减排，是可持续土木工程的重要方向。总体上，中国经济社会的可持续发展对土木工程学科提出了可持续、高品质、绿色化、智能化发展的更高需求。

重点研究方向包括以下方面。

（一）复杂环境下高性能土木工程结构的基础理论与建造技术

从材料到结构体系，面向复杂超常环境，综合考虑地上与地下结构，开展持续深入研究，具体包括以下内容。

1. 高性能土木工程材料–结构–功能–环境协同的长寿命设计理论与技术

研发新型高性能可持续土木工程材料，研究其微观机理与制备工艺。提出面向结构工程应用的材料本构模型等性能指标，建立适应新型高性能材料特有力学性能的结构设计控制指标，形成材料-结构一体化设计理论，实现从材料高性能向结构高性能的跨越。未来值得研究的新型高性能土木工程材料包括：超高性能混凝土和超高韧性水泥基材料等新型水泥基材料，新型高强钢材、低屈服点钢材、耐火耐候钢、记忆合金等先进金属材料，碳纤维等高性能纤维复合材料，智能感知与驱动材料、多功能材料、天然绿色可再生材料、可循环利用材料、废弃回收材料、基于纳米生物技术的环境友好型生态材料、低碳排放材料等。

2. 高性能土木工程结构体系及其设计理论和方法

研发一系列具有高安全性能、高使用性能、高经济性能、高建造性能、高环保性能、高维护性能、高耐久性能、高抗灾性能等的土木工程结构体系。具体包括：适用于大跨建筑与桥梁的新型结构体系；基于多材料优化组合的广义组合结构体系；立体巨型综合体新型高效结构体系；适用于建筑工业化的新型结构体系；功能快速恢复结构新体系；具有自免疫、自修复、自恢复、自适应等特征的智能结构体系；绿色生态结构体系；具有优越抗武器打击能力的军事防护结构和重大军事目标新体系；适用于跨海连岛工程和深海资源开发利用的新型结构体系等（鹿健，2015）。

3. 地下空间结构安全保障理论与技术体系

研究内容包括以下方面：复杂环境下的岩土体力学理论；复杂地质环境多场耦合作用下的岩土体-结构相互作用；土工结构物和基础工程失效机理及控制方法；地下综合性交通枢纽、地下城市综合体、地下超大尺度物流空间结构、超深地下结构等在复杂地质环境下的力学行为和全生命周期状态演化机理；地下空间复杂结构体系现代设计理论；地下结构灾害（地震、火灾、爆炸、偶然性冲击和高频振动等）的作用源、作用机理与作用效应；多灾种共同作用的相关性与耦联性；多重灾害作用地下结构全生命周期可靠度设计理论；灾害作用下的预警与应急技术；标准化、可视化和动态化的城市地下设施全生命周期信息综合管理平台；地下空间设施状态智慧感知、健康诊断与服役性能预知方法及技术；城市地下空间综合防灾韧性动态评估方法体系；城市地下空间分层开发和综合配置的一般规律；“竖向分层、横向协同”的一体化利用模式；各类地下设施优先开发顺序评定原则与技术；地下交通、市政设施、防灾储存等地下空间重点开发设施的竖向空间配置技术；地上地下整合的城市空间深度开发理论与技术。

4. 极端恶劣环境下土木工程基础设施关键基础理论与设计建造技术等

研究内容包括：新型超大跨度桥梁、深海基础、超长海底隧道结构设计与建造技术；新型海洋发电结构和超大规模漂浮平台岛屿结构设计与建造技术；深海环境下混凝土材料性能劣化与结构性能退化和可预期寿命设计；艰险复杂环境下重大交通基础设施建造理论与关键技术；严重不规则异形结构的抗震性能与设计方法；重大军事目标、核电厂安全壳等防护结构抗武器打击、飞机撞击设计理论与方法等。

（二）土木工程多灾害效应与抗灾韧性理论及技术

从多重灾害耦合作用下单体结构抗灾能力提升和城市区域防灾减灾能力提升两个方面开展研究，具体包括以下内容。

1. 多重灾害耦合作用下单体结构抗灾能力提升关键技术

研究土木工程结构在地震、海啸、飓风、龙卷风、洪水、风暴潮、冰雪灾、爆炸、火灾、偶然性冲击等多重灾害作用下响应的数值与试验分析技术，发展基于全生命周期可靠度的结构综合防灾减灾设计方法。研发一系列高防灾减灾性能的新型结构体系和关键技术，如土木工程结构智能减震控制技术、灾后功能快速恢复新型结构体系、特大地质灾害预警与防治技术、抵御恐怖袭击的新型结构工程技术、利用生物技术与仿生理念减轻灾害对土木工程结构的破坏性影响等。

2. 城市区域防灾减灾能力提升关键理论与技术

针对地震灾害，研究韧性城市设计地震动参数及设防标准，城市工程结构的韧性体系与功能恢复，城市工程系统韧性恢复及韧性提升，抗震韧性城市评价、设计与管理。针对多灾种耦合作用，研究多灾害作用下的城市区域韧性评价体系，城市工程结构的韧性体系，城市工程系统功能恢复机制及韧性提升。进一步研究面向城市和区域的多灾种设计与决策系统，发展城市和区域防灾减灾风险评估方法，开发城市和区域灾害规划管理系统，提升城市综合防灾能力，建立城市和区域生命线系统的安全性监测、灾害预警和应急处置系统，研究特大型灾变的反演技术。

（三）土木工程现代物理试验与数值模拟理论及技术

从物理试验与数值模拟理论和技术方面开展研究，具体包括以下内容。

1. 土木工程结构多场多灾种物理试验模拟技术

土木工程结构的物理试验设备目前大部分依赖进口。为应对国际上的技术封锁，应结合现代信息化、数字化与智能化技术的发展趋势，通过系统集成创新，发展与现代信息及控制技术相结合的复杂恶劣服役环境条件下的土木结构工程精细化试验与测试新方法。其中，重点研究土木工程结构在复杂岩土介质、水介质等环境下的多场多灾种物理试验模拟技术，探索基于微机电系统（microelectromechanical system，MEMS）传感器技术、摄影测量技术、无线传感器网络技术的可全场量测的高精度、高灵敏度、实时响应的结构试验量测技术。

2. 复杂环境下土木工程结构高效精准数值模拟方法

针对目前土木工程学科研究对国外数值模拟软件的高度依赖性，应优先发展基于全球网络提供的高效数据获取、数据存储、数据管理、数据集成、数据挖掘、数据可视化等一系列计算与信息服务，发展基于网络的高性能数值模拟仿真技术，以及复杂环境下高性能土木工程结构体系全过程受力行为的高效精准数值模拟方法。关键科学问题包括：土木工程现代数值模拟软件架构与核心算法，以及具有信息化、数字化和智能化特征的现代试验装备核心技术。

（四）既有工程基础设施综合利用与功能提升理论及技术

据不完全统计，我国既有建筑面积已达到688亿m^2，至于在役的各种基础设施，如桥涵、港工和地下工程等更是难以计数（袁闪闪等，2022）。改革开放以来，特别是近二十年来，我国的基础设施建设达到高潮，基础设施老龄化问题日益突出，运营、养护、诊断、评估、加固、改造任务十分繁重，市场需求大。为延长基础设施使用寿命、保障安全生产、提高经济效益，必须发展基于先进感知技术、网络技术和人工智能技术的基础设施全生命周期监测、检测、评估、诊断以及功能提升综合技术。关键科学问题包括：既有建筑与基础设施全生命周期智慧感知、性能演变与综合分析决策理论，既有建筑与基础设施功能提升、全生命周期安全（正常使用安全和抗灾安全）理论与方法。

具体研究内容包括以下方面。

1. 天空地一体化基础设施全生命周期感知关键技术

包括基于合成孔径雷达干涉测量（interferometric synthetic aperture radar，InSAR）、全球导航卫星系统（global navigation satellite system，GNSS）、无人机搭载平台、先进感知设备与智能机器人融合的天空地一体化智能检测体系；基于先进感知技术的立体多维和智能协同基础设施全生命周期性能检测体系；基于建筑信息模型（building information modeling，BIM）、5G、互联网和云计算的基础设施性能智能检测评估平台。

2. 基于大数据、深度学习的基础设施智能诊断技术

包括基于大数据和深度学习的基础设施缺陷与损伤智能识别及量化评估关键技术；建筑结构安全实时评估与预警技术；人工智能技术在基础设施安全诊断评估中的应用；基础设施维护系统全生命周期性能和灾变控制技术；城市级基础设施综合管养成套技术与智慧管理平台。

3. 基础设施全生命周期性能演变与控制技术

综合考虑耐久性、安全性和适用性在结构全生命周期设计中的相互交叉和制约，建立考虑环境效应的全生命周期风险、成本、效益综合分析与决策理论，以及结构使用寿命预测理论，揭示服役环境因素对土木工程材料及结构的劣化机理。

4. 既有建筑与基础设施综合利用与功能提升技术

包括老旧小区、工业区、商业区及市政基础设施整体规划、改造与功能提升技术；工业建筑、商业建筑、医院建筑、物流仓库、批发市场等的建筑功能转换和性能提升技术；既有住宅适老化综合改造技术；解决既有住宅区交通和停车的地下车库增建综合技术；城市生态环境和设施的修复与修补综合技术；建筑绿色拆除，高性能再生混凝土结构、可拆装可重复利用钢结构等再生循环利用结构技术。

三、环境污染控制与生态系统修复关键理论及技术

新时代社会经济的高质量发展与基于绿色发展理念的生态文

明建设对生态环境保护提出了更高的要求，为环境工程学科的发展提供了新的机遇与挑战。纵观环境污染控制领域的国际前沿研究进展和当前国家环境保护的重大需求，需要在以下几个方向开展重点研究，取得原始性创新和突破性进展。

（一）水质风险与控制理论及技术

针对饮用水安全保障和水污染控制重大需求，发展水质标准制定基础理论，研究高风险污染物的微观转化机制与控制原理，重点研究方向如下。

1. 饮用水高效安全净化理论及技术保障

现行的以技术叠加和工艺延伸为主导思想的饮用水安全保障理论与技术体系，无法满足水源污染日益复杂条件下的饮用水安全保障需求，迫切需要构建以风险评价为核心、标准与效应协同的饮用水安全保障理论与技术（白云霞，2012）。因此，需要重点在以下三个方面实现科学突破。

（1）饮用水水质风险评价方法与水源水质调控原理。建立饮用水健康风险评价理论和饮用水风险评估体系，绘制不同流域饮用水水质风险图，揭示水源水质变化规律，突破生态型水源地水质调控技术瓶颈。

（2）新一代绿色净水理论与工艺。发展以物理分离和仿自然技术为核心的新型水质净化理论，形成新一代智能化绿色低耗净水工艺系统；开发海水、雨水、污水等非常规水资源，建立模块化的智能供水系统。针对复合污染水源水质，发展基于现有工艺系统的水质转化规律，构建多介质界面复合的短程绿色低能耗净化水理论与工艺，充分体现低能耗、有效性、复合污染协同控制的特点。

（3）饮用水安全输配理论与方法。建立基于输配过程/生物稳定的水厂处理与管网运行协同控制理论，开发管网智能监测技术和管网模型，建立供水系统韧性评估理论与方法，构建基于数据挖掘的源-厂-网一体化智能低耗安全管控技术系统。

2. 污水再生处理与生态循环

现行的以污染物去除为核心的城镇污水处理理论、方法和技术体系，已无法满足污水资源化、能源化和水质风险控制的新需求，迫切需要以基础研究为先导重构污水再生处理的理论和技术体系，重点在以下 6 个方面实现科学突破。

（1）城镇污水再生处理与多途径利用关键技术群。针对不同回用途径，建立再生水回用安全评估技术体系，包括再生水品质的快速检测与评价技术、再生水管网生物膜控制技术、再生水与人体健康评估技术及生态风险评价技术。在此基础上，开发针对微量有机污染物、重金属和病原微生物的一系列去除技术，如高级氧化技术、吸附技术、膜分离技术等，研发经生化处理后污水中低浓度氮磷进一步高效低耗深度净化技术；研发不同回用途径的城镇污水多尺度深度处理及回用技术、城镇污水大尺度生态工程处理再生利用技术、再生水生态储存与风险控制技术、再生水输配水配套技术等；研发针对高风险物质（如难降解有机污染物等）的低能耗高效控制技术。

（2）基于多目标管理的城市污水处理及资源化关键技术群。基于水质、节能、低碳和资源回收等多个目标，研发具有较高科学性、系统性和综合性的污水处理评价技术体系。在此基础上，研发低环境影响的城市污水污泥处理关键技术，开发新型污水深度处理装备与技术、有机物及无机营养物资源回收型污水处理技术、能源回收型污水处理技术、资源与能源综合利用技术，以及污泥减量化、稳定化、无害化、资源化处理处置技术。研发高效低耗废水强化处理达标减排技术、工业废水源头治理循环利用技术、废水资源与能源转化技术、工业集聚区污染综合整治技术等。

（3）城市水环境生态安全诊断与功能优化关键技术群。重点研发水环境监测、控制网络化和智慧化技术，推进基于“互联网+”的水务监控与服务综合管理决策平台，推进数字技术、信息技术主导的水生态安全诊断及功能化技术，包括城市水环境信息采集-管理-预警一体化技术、城市整体水生态环境评估与多维度-多目标联动调节技术、“点—线—面—域”水环境质量监控技术等（国务院，2015b）。

（4）海绵城市建设关键技术群（中华人民共和国住房和城乡建设部，2014）。深入研究海绵城市水系统评估与规划设计技术，发展生态斑块识别技术和生态廊道构建技术，建立城市总体规划、专项规划和控制性详细规划分层设计体系，研发海绵城市地区差异性特种技术。以城市降雨径流数值模拟技术为基础，研发一系列城市雨水的截流调蓄和净化技术，如雨水分质收集与处理技术、城市建筑绿色屋顶技术、透水地面铺设技术、初期雨水污染识别与自动弃流技术、微污染雨水生态净化技术与过滤净化技术、地下模块化雨水调蓄池构建技术和城市雨水生态利用技术等。研发一系列生态净化与生态修复技术，如城市黑臭水体生态环境改善技术、湿地生态系统构建与景观利用技术。研发一系列城市雨水与中水回用技术，如建筑灰色水与黑色水分离和分质回用技术、绿地灌溉技术、补源回灌利用技术、消防利用技术等。

（5）城市新型水系统规划设计与水质功能保障关键技术群。重点研发城市水数值模拟与仿真技术体系，基于水资源与安全，针对饮用水源、自来水厂、污水处理厂、河道断面、湿地、地下水以及分流制雨水管道储雨等，建立水资源自然循环和社会循环的系统仿真与优化技术（曲久辉等，2014）。基于水环境与生态，研究污水能源流与物质流规律、污染物迁移转化规律等净化系统仿真与时空优化技术。在此基础上，研究城市新型水系统的统筹规划设计技术体系，开发不同时空条件下水源、水量、水质与供需的动态平衡调控技术，建立城市水系统评估、规划、设计、建设和运行管理技术体系，保障水系统的节水、减排、生态、高效和安全运行。

（6）城市水安全与其他学科和领域的交叉技术群。研究化学工程和材料科学等先进技术与城市水安全领域的交叉应用技术，推动城市污水处理及再生利用技术革新；研究数字化信息技术与城市水安全保障技术的交叉应用技术，研发自动化控制、智慧化管理的水安全保障系统；研究金融、土木、建筑、管理等技术领域与城市水安全领域的交叉应用技术，促进城市水安全系统的有效转化、示范应用和高效运行。

（二）空气复合污染与控制理论及技术

针对空气复合污染控制重大需求，研究区域空气复合污染的形成机制与控制原理、关键污染物溯源与智能监测方法，突破空气污染治理材料制备及应用的技术瓶颈，研发固定源烟气多污染物协同控制、移动源尾气多污染物协同控制、半密闭空间空气净化、温室气体减排与资源化技术，建立气候-污染双重约束下的大气污染物与温室气体协同减排技术体系。重点研究方向如下。

1. 空气污染源多污染物高效协同净化

现有的大气污染物控制理论和技术体系已难以支撑持续改善

空气质量的需求，探索构建空气污染源多污染物全流程高效协同净化新理论方法与技术原理是学科发展的重点。建议在以下三个方面实现重点突破。

（1）工业源多污染物高效协同净化和资源化的机制与调控方法，揭示复杂流动和反应系统中多种污染物的吸附、催化、吸收、迁移、转化机理和外场作用规律，探明多污染物脱除的竞争与协同调控机制，提出气态污染物增值资源化利用的新思路、新方法，发展污染源多污染物高效协同净化和资源化的技术理论与调控方法。

（2）移动源多污染物高效协同净化的理论与方法，阐明汽油车三元催化转化器（three way catalyst converter，TWC）以及柴油车高性能选择性催化还原法（selective catalytic reduction，SCR）、催化型颗粒过滤器（catalyzed diesel particulate filter，CDPF）等材料设计方法与催化反应调控机制，建立机动车机内调整与机外净化的相互关联及其协同的理论方法和技术体系，突破非道路移动源尾气的高效净化技术理论与方法。

（3）半密闭空间空气净化的理论与方法，研究半密闭空间内多污染物的形成机制及其动力学特性，突破高效、低成本污染物净化材料的制备与性能调控技术，构建多污染物监测与净化集成技术理论和调控方法。

2. 区域大气复合污染预测与控制

传统的大气污染控制理论与技术体系已无法满足呈现区域性、复合型与压缩型的污染防治需求，急需研究形成适用于我国区域大气复合污染控制的技术理论体系。建议在以下三个方面实现科学突破。

（1）大气复合污染预测技术方法，揭示区域高浓度复合污染生消过程规律，重点突破高浓度大气复合污染预测预警技术方法。

（2）建立追溯关键排放源的技术原理，构建多技术融合的排放清单动态表征及校验技术体系，揭示区域大气复合污染物交互影响作用机制，科学甄别关键污染物种与排放源。

（3）区域大气复合污染优化控制技术原理，基于复合污染形成的多尺度协同作用过程与机制、敏感物种与敏感源识别，构建区域复合污染源优化调控技术方法体系。

（三）固体废物资源转化与安全处置理论及技术

现有固体废物处理处置与资源化技术及污染管控模式难以满足无废城市建设和乡村振兴等需求，探索适合我国国情的固体废物处理处置与资源化新原理、新技术、新方法是学科发展的重点。建议重点在以下四个方向实现科学突破。

（1）有机固体废物高效生物转化与资源化的理论和方法，揭示有机固体废物生物转化功能菌群及其代谢网络调控机制，建立基于物质-能量-环境自平衡耦合定向转化和系统优化新方法。

（2）有机固体废物高效热化学转化与资源化的机制和调控技术，阐明有机固体废物高效热化学转化的定向调控机制，揭示有机热化学转化过程中污染物的迁移转化规律，建立有机固体废物热化学处理及梯级利用过程的新方法。

（3）大宗固体废物生态利用及废旧复合材料循环再造，阐明多源固体废物协同利用过程中的兼容性和交互反应调控机制，建立人工智能拆解与关键材料循环再造技术方法。

（4）危险废物风险识别调控及精细化管控体系，阐明危险废物复杂体系多途径解毒机制，建立危险废物的特征污染物快速检测新方法。

（四）区域复合污染治理与生态修复理论及技术

针对区域环境保护与生态文明建设需求，研究区域（流域）尺度水–气–土多介质环境复合污染形成机制，发展生态系统稳定性和完整性理论；研发复杂条件下的地表水环境污染控制与水生态修复技术、污染场地土壤/地下水风险识别与协同控制技术、场地生态修复与安全利用技术，形成受损生态系统修复和调控理论与技术体系。重点研究方向如下。

1. 流域/区域环境生态调控

我国流域/区域尺度生态环境问题日益凸显，大尺度水、土、气环境质量以及生态系统的完整性和服务功能退化，急需开展流域/区域环境生态综合调控理论方法研究，着重在以下三个方面实现科学突破。

（1）非点源污染治理理论技术体系。阐明流域/区域非点源污染发生和削减机理，探索复合人工湿地多要素协同净化机理，发展流域/区域非点源污染核算与防控理论方法。

（2）城市代谢过程的生态修复与工程调控。明确城市资源在流域/区域自然–社会系统间运转、传送的环境影响机制及其耦合效应，阐明城市及区域资源协同利用与调控机制。

（3）流域/区域环境污染的生态调控理论与方法。揭示流域/区域水文连通与生物连通的互馈关系及生态效应，明确典型环境要素迁移转化规律、生物有效性及关键影响机制。

2. 场地污染治理与生态修复

我国污染场地具有高风险、多类型、多介质的复合污染特征，多方法耦合、多过程协同、多介质共治的复合污染场地原位治理与生态修复理论和方法是本领域未来的发展重点。本领域拟重点在以下三个方面实现科学突破。

（1）场地有机污染物强化降解理论与技术。揭示场地多介质中有机污染物强化协同自净原理，构建土-水多相介质中有机污染物的强化衰减仿真模型与技术体系。

（2）场地重金属污染物长效稳定化理论与功能材料。阐明场地多介质、多种类重金属稳定化机制，研究重金属污染物价态、形态协同调控途径与长效安全的功能材料。

（3）有机-重金属复合污染场地协同治理理论与技术模式。阐明复合污染场地风险协同削减原理，建立复合污染场地生态修复与系统管理新模式。

（五）生态环境系统工程与风险控制理论及技术

针对生态环境治理的综合绩效和可持续性提升需求，研究城市代谢过程中的生态修复与工程调控技术、生产过程与环境设施全生命周期环境风险评估与控制技术；发展工业环境过程及其共生体系的模拟、评价与优化设计方法，以及城市与区域生态环境系统多要素代谢模拟和风险预测方法，形成生态环境风险评价与控制技术体系。重点研究方向如下。

1. 工业过程环境风险评估和污染减排

工业污染是我国环境治理工作的重点和难点，我国整体上的研究基础薄弱，现行的以污染物无害化为核心的工业污染防控理论、方法和技术体系，已难以支撑高质量发展的美丽中国建设新需求，急需以绿色科技创新为导向重构工业污染防控的理论和技术体系。建议在以下三个方向实现科学突破。

（1）工业过程环境风险全链条控制原理与方法。研究重点行业污染物排放特征规律，建立特征污染物数据库及工业过程环境风险的评估方法，建立从生产过程到污染治理以及废弃物管理全链条的环境风险控制新原理与新方法。

（2）工业污染治理关键材料与装备。吸收新材料、先进制造、信息技术等领域成果，探索新型分离、浓缩、纯化、氧化、吸收等关键材料与设备设计原理，建立新一代环保材料与装备理论及技术基础。

（3）工艺污染治理新工艺。针对重点行业建立以资源回收、低耗节能、毒性减排为核心的废水与废气处理工艺原理，针对典型高盐废水开发新一代零排放新工艺，并实现废盐的资源化回收技术途径。

2. 城乡 / 区域代谢过程模拟与调控

快速城镇化、工业化和区域协同发展带来多尺度的复杂环境问题和生态风险，迫切需要利用环境系统工程方法和手段，开展城乡 / 区域代谢过程模拟方法和调控技术体系研究，实现环境污染综合治理和区域生态环境保护，重点在以下三个方面实现科学突破。

（1）城乡 / 区域物质能量代谢过程机制与模拟方法。阐明城乡 / 区域物质、能量代谢过程机制，突破代谢过程数据标准化、智能化采集与分析技术瓶颈，建立多尺度、跨行业、多介质代谢过程模拟理论与方法。

（2）城乡 / 区域模拟设计及综合环境影响评估及优化方法。揭示工业-农业-城市共生系统资源协同循环与共生规律，建立全生命周期综合环境影响评估与优化设计方法。

（3）城乡 / 区域代谢环境风险产生及传导机理与调控机制。阐明城乡 / 区域多要素代谢的环境风险产生及传导机理，形成城乡 / 区域生态环境风险预测预警技术体系与调控优化机制，建立环境系统韧性评估与提升设计方法。

四、交通学科创新基础理论与关键技术

（一）轨道交通与运载工程学科的重点研究方向

（1）面向“CR450 科技创新工程”，重点研究 400 km/h 高速铁路成套技术研发、不同轨距和不同制式基础设施与装备的互联互通、极端气候条件下基础设施与装备适应性和可靠性、复杂地质结构区域和强震带的工程建设，以及安全运营与防灾减灾等一系列重大难题。

（2）面向川藏复杂环境下线路建造及运营的挑战，深入研究超大超深垂直掘进关键技术、超风险长距离隧道全断面硬岩隧道掘进机（tunnel boring machine，TBM）掘进关键技术、超风险地质钻爆法隧道施工关键技术、长距离超前地质探测关键技术、高原高寒山岭隧道火山渣再利用技术、地下工程装备智能化关键技术，推动智能化、自主化、可配置智能成套装备产业化。

（二）道路交通学科的重点研究方向

重点研究综合立体交通网络的基础理论与关键技术（国务院新闻办公室，2016b；交通运输部，2021；交通运输部科技司，2021）。面向我国经济社会发展的重大需求，急需加强对交通工程学科前沿基础科学问题的研究，在支撑综合交通运输系统规划、设计、调控的新理论、新方法、新技术等方面取得突破，为服务交通强国建设、新型城镇化等国家重大战略提供基础理论。重点研究方向包括以下方面。

1. 多源信息环境下综合交通系统协同规划理论

亟待通过对多源交通大数据的深入挖掘，深度解析多源信息环境下的出行行为与出行需求演化规律，开展基于移动互联和广域大数据的多方式联程出行需求辨识、多模式枢纽群协同布局设计、多模式联程客流连续出行系统设施规划、多模式交通协同运行与综合服务一体化技术等方面的研究，建立多源信息环境下的综合交通系统规划理论与方法，为综合交通系统高效协同提供基础支撑。研究基于出行即服务（mobility as a service，MaaS）理念和共享出行模式的高品质出行服务机制与系统设计。

2. 超大规模复杂交通网络协同设计与仿真

急需针对城市超大规模多模式复杂交通网络供需平衡分析、多模式交通网络协同设计、大规模复合交通网络仿真等关键问题开展深入研究，为城市综合交通系统协同设计提供新技术、新方法、新工具，大幅提升城市交通科技原始创新能力，服务交通强国、新型城镇化、公交都市等建设。

3. 智能网联环境下交通流理论与道路交通设计方法

分析研究智能网联环境下混合交通流运行机理及演化规律，提出基于全时空行驶轨迹数据的新一代智能交通运行调控理论方法，研究服务于车辆自动驾驶的道路交通设计理论及方法，这是当前交通工程学科的重要发展方向。

研究新型互联网、新型移动通信、云计算、物联网、智能网络终端、高性能计算的发展，实施新型显示、国家宽带网、云计算等科技产业化在交通工程中的应用和发展。

4. 大数据驱动的交通安全分析与主动调控

通过对多源异构的交通大数据的深入挖掘，深度解析道路交通事故风险影响机理，建立适合我国国情的道路主动安全设计理论与技术体系，实现道路主动交通安全设计与调控，为道路安全改善提供基础支撑。

（三）车辆工程学科的重点研究方向

车辆是国之重器，是“衣食住行”中“行”的重要载体，影响国计民生，是国民经济和国防现代化的重要抓手，同时是大国竞争的重要领域。车辆工程学科内涵丰富，本学科的优先发展领域包括车辆智能化与交通碳中和，具体包括以下方面。

1. 车路云一体化的自动驾驶系统

探索车路云一体化的智能网联汽车云控体系架构；研究城市道路交通元素的向量化描述与特征提取方法，探索交通场景与交通参与者的认知理解模型；探索数据和模型联合驱动的自动驾驶策略在线学习方法；研究非理想对抗信息混行交通的调配，以及网联多车群体的分布式协同控制等。拟突破多模态全域感知、类脑智能决控、信息与功能融合安全等核心难题；拟构建基于智慧城市-智能交通-智能车辆的智能交通云控大脑，突破交通云控平台设计、软硬件动态共享、高并行边缘计算等核心难题（彭继东，2012）。

2. 高安全车辆动力系统

研究车用电池材料与热失控机理，车用燃料电池材料与耐久性，大容量储能和储氢系统安全防控技术。研究电动化交通运载工具的能源与动力系统技术。突破高比能量锂离子电池热失控抑制技术。实现长寿命高功率密度车用燃料电池技术，突破里程千万公里的轿车和商用车零碳动力平台技术，突破高安全储能电池热失效防控“卡脖子”技术，突破长周期大容量高安全储氢关键技术。

（四）水路交通与运载工程学科的重点研究方向

瞄准世界水路交通与运载工程学科发展的前沿技术，加强水路交通运输与新一代信息、人工智能、新能源、高端装备制造等学科领域的交叉融合，自主创新突破关键科技瓶颈，打造以岸基驾控为主、船端值守为辅的新一代航运系统，建立基础设施全生命周期安全运行管理与数字化运营维护体系，全面促进水路交通运输朝智能、节能、环保、高效的方向发展。

当前水路交通正处于从自动化、信息化时代向智能化、绿色化和网联化时代过渡的阶段。水路交通的智能化和网联化主要由新一代信息技术、人工智能技术等所驱动；绿色化则涵盖可再生能源的利用、新能源驱动、节能减排、能效优化管理、污染防治等多个方面。重点研究方向包括以下方面。

（1）船舶等载运工具的绿色化和智能化研究，包括：船舶新能源与多元动力；船舶可再生能源的利用、新节能船型开发、低排放船舶动力装置开发、新型推进器、岸基能源的利用、能效优化管理技术等；人工智能在船舶控制方面的应用，以及船舶的低碳化、少人化的研究。

（2）港口、航道等基础设施的自动化、信息化和生态化研究，包括：散货和集装箱装卸机械自动化的研究；基础设施信息化管理、自主化运营模式；基础设施的资源优化配置、智能监管、智能服务；内河和港口自然生态链模式。

（3）水运物流、海事监管等营运管理的网络化和协同化，包括：水运物流的多形态联合运输；水路运输管理的系统化、信息化研究；水路运输一体化综合管理系统；海事智慧监管等。

（五）航空交通与运载工程学科的重点研究方向

目前，我国航空交通系统发展面临空域系统资源饱和且韧性不足，全天候、高密度安全风险持续加大，有人/无人融合运行技术仍较薄弱，基础设施“卡脖子”风险依然存在，机载空管航电制约空地深度协同等重大瓶颈和关键挑战。面向我国经济社会发展的重大需求和以数字生态、泛在互联、人机融合、智慧服务、灵活飞行为特征的新一代航空交通系统变革趋势，急需加强航空交通学科前沿基础科学问题研究，在航空交通系统规划设计、运行调控、服务保障的新理论、新方法、新技术等方面取得突破，为服务交通强国和民航强国建设等国家重大战略提供基础理论支持。航空交通与运载工程学科的优先发展研究领域具体包括以下方面。

1. 国家空域系统一体化规划与融合运行调控

急需建立国家空域系统新范式，围绕星空地信息基础设施网络化服务、军民一体的空域系统规划与柔性管理、空地一体的空中交通四维精密运行、空中交通多模式混合运行管控、军民航全域战略联合投送、城市低空交通管理等国家空域系统一体化规划与协同运行的重点热点领域和战略前沿问题，开展理论方法、关键技术和系统装备研究。

2. 机场（群）全域协同运行理论与方法

研究机场空地数字孪生建模、全域协同运行复杂时空网络多模态特性及其演化机理、全域协同运行性能表征与供需平衡准则、（多）机场资源网与业务流时空协同调控、异态智能监测与联动响应恢复等理论方法和关键技术，支撑平安机场、绿色机场、智慧机场、人文机场“四型机场”，以及世界级机场群和综合交通运输体系建设。

3. 航空交通绿色运行关键技术

开展绿色航空交通运行概念、体系架构、标准规范、关键技术及其验证方法等研究，重点突破航空交通运行环境影响评估、空中交通环境承载力评估、绿色飞行轨迹规划与动态调控、环境友好空域设计、支持绿色运行的机载空管航电能力增强等关键技术，探索空中交通安全、效率与绿色等多维目标的协同优化及共赢发展。

（六）航天运载学科的重点研究方向

重点研究新型复杂飞行器系统基础理论及关键问题。全面建设航天强国，是我国未来创新驱动发展战略的重要内容。当前，我国航天事业对科学技术及国民经济的牵引作用仍然有待加强，航天技术能力和产业能力仍与世界先进水平存在较大差距。为此，应该加快航天技术的发展，不断提升我国在空间资源配置、空间资源管理、空间事务协调等国际航天事务中的话语权，并为人类和平利用与开发空间资源做出新的贡献。航天运载学科的重点研究方向包括以下方面。

1. 重型运载火箭精细化系统建模与敏捷设计优化问题

我国重型火箭的运载效率等核心指标偏低，系统研制周期过长，如何揭示火箭多学科 / 多物理域耦合精细化表征机理，实现知识驱动的总体方案敏捷设计优化，是当前急需解决的关键科学问题。

2. 运载火箭亚 / 跨声速飞行流固耦合问题

研究运载火箭亚 / 跨声速飞行流固耦合问题，可以为我国运载火箭气动外形优化、全箭结构承载精细化及结构效率提升等提供先进完备的设计理论和方法支撑。如何实现高速掺混流场精细化表征、复杂环境中全箭外激励准确辨识，发展宽速域大型运载火箭的气动弹性预测方法、不稳定性构型弹性抖振载荷设计方法，是当前急需解决的共性关键问题。

3. 多天体系统中轨道动力学与控制问题

目前缺少对深空多天体系统中航天器轨道运行行为的深入研究和全局性分析。多天体系统中的航天器轨道动力学与控制问题主要研究深空多天体引力场中航天器自然轨道运动的机理，并利用这些运动特点研究航天器轨道设计和主动控制等问题，这是我国深空探测急需解决的重要科学问题。

4. 航天器进入、下降与着陆精确制导与控制问题

航天任务的日益复杂和控制精度要求的不断提高，对航天器进入、下降与着陆精确制导与控制提出了更多挑战和需求。如何实现有限观测、不确定条件下复杂形貌行星表面精确着陆制导与控制是当前急需解决的关键问题。

5. 固体火箭发动机中两相流动和热防护问题

当前发动机工作过程的两相流动物理模型不完善，冲刷烧蚀机理不明晰、烧蚀判据不准确，发动机性能预示精度低，天地一致性问题突出。因此，迫切需要发展先进的发动机实验方法，建立冲刷烧蚀数据库，构建精确仿真平台，重构发动机工作性能，实现发动机优化设计。

6. 空间推进剂在轨储存、加注、管理与集成利用关键科学问题

低温推进剂的沸点低，在时变空间复杂热、微重力和强机动等耦合环境下，蒸发损失量与两相流传输等极难控制。如何从根本上大幅提升空间动力系统的效能、延长在轨航天器的服役寿命

是当前急需解决的共性关键问题。

7. 液体火箭发动机高速涡轮转子损伤与抑制问题

涡轮泵的转速提高，极易引发转子的动态失稳、流体激振、汽蚀振荡和涡轮颤振等问题，进而引起涡轮泵结构损伤，导致任务失败。因此，高速转子的损伤抑制是当今世界各国液体发动机研制中的重大关键技术之一。

8. 运载火箭海上复杂运动环境动平台发射

研究海上复杂运动环境动平台稳定控制策略，开展运载火箭海上复杂运动环境动平台发射模拟试验研究，是当前急需解决的关键科学问题。

9. 载人航天复杂人机系统交互

如何遵循系统工程设计理论与设计方法，把满足航天员的多层次需求与系统功能进行有机统一，实现航天复杂系统中的人机动态交互合理化设计是当前急需解决的共性关键问题。

10. 模块化大型空间结构智能变拓扑在轨搭建

重点解决超大型空间结构模块化设计理论、多时间尺度模块协同运送控制、组装过程的变拓扑复杂交互机理与精准柔顺控制、大尺寸挠性结构型面调节与精度控制等科学难题。

（七）管道运输工程学科的重点研究方向

1. LNG低温软管输送系统

海上液化天然气（liquefied natural gas，LNG）低温软管服役条件恶劣，需要满足保温性能好、抗疲劳性能高、紧急关断下自动密封等工况要求，需要开展LNG输送系统结构力学响应、设计理论、作用机制等相关研究。

2. 油气管道应急与维护装备的基础科学问题

我国油气管道应急与维护装备的开发对相应的基础科学问题缺乏系统性研究，所开发的装备普遍存在技术水平较低的问题。因此，需要开展油气管道环焊缝与悬空等检测机理、应急资源配置与优化调度以及应急装备相关的基础研究。

3. 掺氢天然气、纯氢、超临界 CO_2 等新型管道运输理论研究

新介质在流动特性、输送工艺等方面具有特殊性，新型管道面临管材、安装、运维方面的安全性和可靠性挑战。此外，作为新型能源产业链中的关键环节，管道运输技术还需要在储运工艺、管网布局、管道运行优化等方面实现质的突破，以满足新型管道建设要求。

4. 高浓度长距离粗颗粒尾矿管道输送技术的基础科学问题

需研究超高浓度（>55%）长距离粗颗粒尾矿管道输送技术，解决超高浓度的尾矿管道输送机理特性不明、浓密机等关键设备难以达到工艺要求、系统协同优化与控制难等难题。

五、水资源智慧管理及大型水利水电工程建设与安全运行的基础科学问题和关键技术

近百年来，全球气候经历了剧烈的变化，由此导致大气水汽含量、降水和环流分布的变化，改变了大范围的水循环，大部分地区的暴雨发生频率和强度有所增加，一些地区的土壤含水量和径流量改变。这些变化直接影响到我国的水循环过程与水资源配置格局，给一些水资源原本脆弱的地区带来新的压力，我国的水资源安全面临更大的挑战。

我国已成为世界水利水电工程建设的中心，许多世界水平的巨型水利水电工程出现在我国，这些工程建设规模巨大、工程所在区域地震烈度高、地质条件复杂，建设难度巨大，高效安全运行要求已全面超过目前世界最高水平，对超大型水利水电枢纽工程的设计、施工与运行管理都提出了严峻的挑战。

重点研究方向包括以下方面。

（一）流域水文响应与水资源利用和智慧管理

研究流域要素与水循环全过程协同演化、水资源智慧管理、农业绿色高效用水理论与水土资源可持续利用人-水资源-粮食-能源纽带及互馈关系、陆地-开放水体交界带水-沙-物质通量交换机制等关键科学问题。

1. 流域水循环演变与复杂水资源系统配置关键技术

研究变化环境下的江河源头区、生态敏感区、地下水严重超采区、特大城市（群）水循环演变机理及生态环境效应。开展变化环境下流域非稳态自然-社会二元水循环系统、城市复杂立体水循环系统的模拟与预测。开展区域和流域水资源与水环境承载能力研究，研发基于物理机制的流域生态需水评价方法和复杂水资源系统多维均衡配置技术。研究国家水资源配置战略格局与重大措施，开展水资源-能源-粮食联动关系与协同安全保障研究，研究虚拟水与水足迹基础和重大调配措施。研究国际河流开发利用策略与合作模式，构建国际河流基础信息系统。

2. 水资源智能调度与精细化管理关键技术群

研制自然-社会水循环全过程信息智能监测新技术开发及其关键设备，研究多源水循环信息的提取、降噪及其挖掘技术。开展水资源大数据系统建设模式与云计算应用研究，研发水循环智能化控制与智能水网综合服务平台。以梯级水库群、长距离调水工程、复杂水网系统等为重点，开展复杂水资源系统调度模拟、运行控制与多目标优化决策关键技术研究。研究超采区地下水补给和修复机理，开展地下水调控技术应用示范与水位-水量双控制关键技术。研究我国水资源配置的政府与市场分工和改革理论，以及最严格的水资源管理制度框架下的体制与机制改革路径。研究水权、水价、水市场交易、水生态补偿等水管理实施的关键定量支撑技术，以及管理效应的计量经济学评价技术。

（二）流域生态系统健康理论与水利工程影响机制

研究流域污染物输移转化规律与水环境特性，发展水污染与水环境生态修复方法与技术；研究河流再自然化的生态工程原理与方法、流域生态系统健康理论；研究流域水电开发对生态与环境的影响及其控制与治理方法、流域水环境-水生态-水动力耦合调控理论与方法、重大工程的中长期环境与生态地貌效应等。

（三）重大水利工程对河流系统演变的影响

研究水沙过程变化与生态效应、山区河流演变与航道整治、流域泥沙过程机理与模拟、复杂水流数值模拟、特高坝工程水力学行为、水库淤积与坝下游河道演变规律及其关系。

突破江河治理与水沙调控关键技术群。研究大江大河水沙变化的机理和变化趋势，发展适应新水沙情势的江河治理理论与方法。研究河流中多相耦合流动的高精度数值模拟和大时空尺度实体模型相似理论与方法，研究河流干支流梯级水库群作用下的水沙输移规律，发展全河段水沙联合调控技术，优化配置水沙资源。开展大型水利枢纽下游河流演变和河湖关系演化规律，研发长江黄金水道、河口海岸治理适应性评价方法和治理技术。研究水利水电工程及涉河工程对河流水沙和水环境生态的多时空尺度影响机理及累积效应，研发河湖连通、环境生态协调发展的江河修复与治理技术。

（四）复杂条件下岩土工程与水利水电工程灾变及防控

深入开发利用深部能源资源和西南高海拔区域丰富的水资源是保障我国能源需求与发展的重大战略部署。岩土工程以及水利水电工程正从浅表向“三深两极一高”拓展，其建设和运行将面临更加复杂的地形地质条件，面临高水头、高海拔、高寒、极端地震、超标洪水等一系列突出难题，工程致灾风险加大，急需开展复杂赋存条件、复杂建设和运行工况下的岩土工程与水利水电工程防灾减灾基础理论研究，确保各类工程风险可控及安全长效运行，为我国能源战略的实施提供保障。

需要突破单一学科发展瓶颈，有机融合水利水电、岩土、材料、信息、人工智能、管理等学科，针对复杂条件下的重要岩土工程和水利水电工程，准确辨识孕灾因素，深入开展灾害预测与防控理论和方法研究，提高灾害的监测预警水平，建立岩土工程和水利水电工程防灾减灾理论体系，提升工程灾变应对能力，确保工程安全高效运行。具体须部署复杂条件下的岩土工程与水利水电工程赋存地质条件、工程开挖卸荷施工扰动、灾变源辨识方法与技术、孕灾机理、安全监测预警、灾变处置及防控、灾变评估与控制等研究方向，重点攻克复杂赋存地形地质数据库建设，工程孕灾机理与灾害防控理论，空-天-地一体化灾变智能识别、跟踪和预警技术等核心科学问题。

研究重大水工程全生命周期性能演化机理与安全控制方法，建立重大水工程风险评估与调控理论及控制标准；开展高坝新坝型适应性及改进技术研究，实现坝高由200 m级提升至300 m级的突破；开展环境友好型水利工程建设与水利工程泄洪消能技术；研究极端复杂地质条件下的长距离深埋输水引水隧洞工作机制与运行安全、长距离调水工程安全高效运行水力控制技术与应急处置机制；研发100 m以上水深水工程隐患检测、修补与加固技术，建立引调水工程各类水工建筑物安全监测技术手段和标准；开展地震等对不同类型重大水工程的破坏模式与破坏机理、风险评价方法、风险控制标准、机械化抢险技术研究。

（五）综合节水、高效用水及非常规水资源开发利用技术

1. 综合节水与各行业高效用水关键技术群

开展社会水循环全过程深度节水、基于蒸发蒸腾量（evapotranspiration，ET）减量化的真实节水、节水潜力评价、城镇水循环利用理论等综合节水基础理论和方法研究；研发规模化农业高效用水设备和过程精量控制技术、水-肥-药一体化调控技术；研发高耗水工业低成本低能耗水资源替代技术与水资源高效循环技术，工业园区循环利用与综合节水关键技术；研发公共供水管网漏损控制、微观尺度生活与公共用水评价及节水新技术；研发用水及节水信息监测、精准化调控和大数据分析技术，开展多行业循环利用节水技术与系统集成创新。

2. 非常规水资源开发利用关键技术群

研究再生水回用优控污染物的识别与消减技术，构建风险可控的再生水安全高效利用技术集成模式；研发反渗透膜法和低温多效蒸馏法海水淡化技术，研究淡化水后处理及作为市政水源入网、浓海水综合利用等技术和配套设备；开展我国典型区域水循

环大气过程解析及其演化研究，研发大规模云水资源开发和调配新技术；开展水库群汛期运行水位动态调控与雨洪水安全利用技术研究，研发适应我国城市特点的雨水集蓄利用与海绵城市建设关键技术；研究适用于不同水质特点的苦咸水、高砷高氟地下水处理工艺，以及浅层微咸水改造利用技术和土壤水资源应用技术。

六、海洋工程基础理论与前沿技术

海洋是我国经济社会可持续发展的重要资源和战略空间，海洋资源的勘探与开发、海洋环境监测、海洋装备无人自主化、海洋信息融合应用、深海空间站等已成为海洋大国的重要竞争和研究领域，在国民经济与国防建设中具有不可替代性和迫切性。党的十九大做出了要坚持陆海统筹，加快建设海洋强国的战略部署。《纲要》进一步强调要坚持陆海统筹，发展海洋经济，建设海洋强国。海洋是经济社会发展的重要依托和载体，建设海洋强国是中国特色社会主义事业的重要组成部分。在合理开发利用与保护海岸及海洋资源、维护海洋权益、确保海上运输安全等方面发力，对我国建设海洋强国意义重大。

重点研究方向包括以下方面。

（一）海岸带资源的可持续利用与保护修复

研究河口海岸水沙动力学基础理论、高强度开发条件对海岸演变的影响，研发海岸演变中长期预测模拟技术，提高海岸防灾减灾能力；研究河口海岸动力-泥沙-地貌-生态互馈过程及机制，研发河口海岸生态防护及生态修复关键技术；分析人类开发活动对海岸生态环境的影响，提出海岸生态保护措施；研究不同类型的海岸灾变过程与机制，研发海岸灾害预警预报技术；研究新型海岸工程设计方法，构建工程监测与评估体系；研究海岸工程与海岸环境的互馈过程及演变机制，评估海岸工程结构物性能并提出相应安全措施。

（二）智慧海洋与智能装备关键技术

以国家重大需求为导向，开展智慧海洋与智能装备领域的基础研究和科技创新，既符合国家海洋强国战略需求，又符合国防科技和水下武器装备的发展需求。

需要聚焦信息时代海洋领域的国家重大战略需求，面向智慧海洋和智能装备研究的学术最前沿，引领并发展该领域的新知识、新理论、新方法、新技术、新应用，突破重大颠覆性技术，解决深远海、海底常驻等国家急需的、具有战略意义的海洋智能装备重大科学问题，有力促进智慧海洋领域的基础研究进展，加快落实智慧海洋装备产业化进程。

具体需要部署以下研究方向：深远海长期值守信息观（监）测平台、深远海立体跨域通信、水下高精度定位导航与时空基准、水下高隐蔽导航定位方法（水下重力场、磁场和地形等匹配导航技术，偏振光导航技术）、多物理场原位海洋观测信息融合与应用、深远海大型化新型养殖设施、基于海洋可再生能源的深远海智能养殖装备、深远海自持式养殖装备、水下生产系统及其可靠性、水下低成本小型无人系统开发（基于跨介质航行/飞行、新材料、柔性机器人等新技术）等。

重点攻克海洋物理场及传感机理、海洋信息安全与隐身方法、多海洋机器人系统集群协同控制、仿生及特种海洋机器人系统、可自主充电的海洋机器人、海洋装备远程运维方法、海洋信息认知与决策、自主航行系统与装备综合管控方法、海洋能高效转换技术、基于智能和信息化的深远海养殖生产、海洋遥感技术、水下集群无线通信组网等核心科学问题。

第二节　未来15年的重大交叉研究领域

工程学科与其他学科以及工程学科不同分支学科之间的交叉融合将推动工程学科的创新研究，形成学科新兴前沿研究方向，同时为交叉学科领域提供解决问题的新途径和新方案。

未来15年，工程学科拟开展6个重大交叉领域的研究，即智能建筑与土木工程基础理论和关键技术、环境变迁中的城市科学与技术、环境安全保障理论与关键技术、水系统科学与水安全基础理论和深海装备关键技术、智慧城市建设关键技术、以常导高速磁浮交通系统工程理论体系等为代表的交通学科重大交叉研究。

一、智能建筑与土木工程基础理论和关键技术

随着我国劳动力价格的不断提高，传统建筑业因劳动力供给充足、成本低带来的经济增长效益（人口红利）将不再延续。建筑与土木工程智能化将成为信息化、数字化时代背景下的必然趋势。传统建筑与土木工程技术和电子控制技术、信息技术、智能设备、数字仿真技术、数据挖掘技术、人工智能等先进技术进行深度交叉融合，将带来建筑与土木工程的智能化革命，显著提升劳动生产率和建造质量，有效解决建筑与土木工程资源消耗大、环境污染严重等问题，促进人与自然和谐共生、资源持续高效利

用。具体应从智能设计、智能生产、智能建造、智能管理、智能防灾减灾等方面开展研究。

（一）应用现代信息技术的智能建筑与土木工程设计

以设计方法学为指导，深入研究建筑与土木工程设计本质、过程设计思维特征及其方法学；以人工智能技术为实现手段，借助专家系统技术在知识处理上的强大功能，结合人工神经网络和机器学习技术，较好地支持建筑与土木工程设计过程自动化；以传统计算机辅助设计（computer aided design，CAD）技术为数值计算和图形处理工具，提供对建筑与土木工程设计对象的优化设计、有限元分析和图形显示输出的支持；面向集成智能化，考虑到与计算机辅助制造（computer-aided manufacturing，CAM）的集成，提供统一的数据模型和数据交换接口；提供强大的人机交互功能，使设计师个性设计与人工智能融合成为可能；基于深度学习等人工智能技术，发展数据与知识共同驱动的工程结构智能设计方法；发展基于智能优化算法、机器学习和并行计算的单一或多目标工程结构优化方法。

（二）基于人机一体化的建筑构件 / 部件智能生产

智能生产是由智能装备、传感器、过程控制、智能物流、制造执行系统、信息物理系统组成的人机一体化系统，按照智能建筑与土木工程的设计要求，实现建筑构件 / 部件生产制造过程的智能化生产、状态跟踪、优化控制、智能调度、设备运行状态监控、质量追溯和管理等，从而实现建筑构件 / 部件设计生产一体化和管控一体化。作为智能生产的重要技术之一，需要重点研究 3D 打印技术，包括采用低强度单一材料的小型房屋或桥梁的 3D 打印技术、水泥基材料构件 / 部件 3D 打印技术、金属

材料构件 / 部件 3D 打印技术等。

（三）建筑与土木工程智能建造及管理

智能建造及管理指在建筑与土木工程建造及全生命周期过程中充分利用智能技术和相关技术，通过应用智能化系统，提高建筑与土木工程建造和管理过程的智能化水平，减少对人的依赖性，达到安全建造与运营的目的，提高建筑与土木工程的性价比和可靠性。具体包括：构件 / 部件安装机器人、施工质量检测、施工安全监控、工程进度管控、工程量统计等技术；物联网与移动通信、生产与施工安全监控、图像与视频智能识别、人行为预测、工程全过程信息高效传递等技术；建筑与土木工程性态智能感知、性能智能分析决策、性能智能评价与演变预测、智能维护与性能提升的理论与方法；全生命周期数字孪生模型和智能化建模；多源异构数据融合、表达、分析理论与数据标准；数据挖掘、知识抽取和认知推理方法；数据库、知识库和算法库及平台构建方法；智能运维管理体系的基础理论、管理模式。

（四）建筑与土木工程智能防灾减灾

研究内容包括：智能化的桥梁全生命周期监测维护、应急抢险和救援保障技术体系；基于 InSAR、GNSS、无人机搭载平台、先进感知设备与智能机器人融合的天空地一体化智能检测体系；基于先进感知技术的立体多维和智能协同基础设施全生命周期性能检测体系；基于 BIM、5G、互联网和云计算的基础设施性能智能检测评估平台；基于大数据和深度学习的基础设施缺陷与损伤智能识别及量化评估关键技术；建筑结构安全的实时评估与预警技术；城市灾害智能感知、模拟以及预测预警预报等。

该交叉研究领域的关键科学问题包括：建筑与土木工程智能

建模与设计算法、构件/部件生产装备智能化和生产全过程监控管理一体化技术、机器人精准建造控制理论、建筑与土木工程数据高效挖掘算法、基于云计算的建筑与土木工程智能并行计算。

二、环境变迁中的城市科学与技术

环境变迁是当今社会发展中必须面对的基本问题。人类的社会生产活动，在不断创造物质财富与精神财富的同时，也在改变自然的面貌、加速环境的变迁。例如，各类工程建设不断改变城乡环境，不断向大气中排放二氧化碳，从而导致环境发生变迁；环境的变迁又显著增加了各类自然灾害的发生频率与强度，城市发展面临挑战。因此，深入研究环境变迁与灾害风险的关系，研究环境变迁中的城市科学与工程问题，是一个值得探索并逐步加大研究力度的新兴研究领域。

本领域的关键科学问题包括：环境变迁与灾害风险；环境变迁与可持续发展的绿色建筑设计理论；重大工程与环境变迁的相互作用；环境变迁中的城市交通需求形成机理与供需平衡理论。

本领域的重点研究方向包括以下方面。

（一）工程结构与工程系统的环境作用模型

研究中、长尺度环境作用的变化规律，以及多环境耦合变化的规律，研究工程结构与工程系统的中、长尺度环境作用预测方法和建模方法。

（二）大规模工程系统的中、长尺度灾害危险性分析方法

研究工程灾害的中、长尺度危险性及其分析方法，建立重大

工程的灾害危险性与设防标准，发展大规模工程系统的灾害风险及其分析方法。

（三）基于乡村振兴战略的绿色村镇建设关键技术与方法

围绕绿色住宅建设、绿色村镇环境建设两个方面，针对村镇规划、土地利用智能监测、住宅性能优化、环境治理与资源化利用、基础设施功能提升、传统村落及建筑保护、新兴产业发展等方面开展基础研究、共性技术与装备创制研究，有效提升村镇建设领域的技术创新能力。

（四）基于全产业链的智慧城市建造理论与关键技术

城市建筑业的转型升级急需改变设计、建造、运营相分离的状态，在全产业链中实现技术密集转型。立足于建筑学科与新一代数字技术的全面融合，推进多要素集成、全过程协同的智能化设计与建造研究。系统化地突破“智慧城市”“智能建造”所需的技术与方法瓶颈，大幅提升智能设计和先进建造的整体潜能、质量与效率，支持我国实现从传统型建造大国向智能型建造强国的根本跨越。

（五）城市交通系统的供需平衡机理与网络交通流调控理论

通过对大数据的深度挖掘，基于数据驱动方法研究复杂的多模式出行行为，实现多模式交通需求的动态辨识和精准预测；揭示交通需求与交通供给的作用机理和互动关系；研究基于交通网络宏观基本图的动态承载能力分析模型；研究交通资源配置与交通方式结构的优化模型，以及城市交通系统中的供需非均衡关系分析方法。

三、环境安全保障理论与关键技术

环境问题的复杂性决定了污染控制过程的多学科交叉性和多介质互联性。污染控制过程涉及生物、物理、化学等多机制耦合，微观、介观、宏观等多尺度空间，以及水、土、气等多介质多界面协同过程，需要重点开展以下方面的交叉研究。

（一）多介质多界面多尺度污染控制原理与方法

围绕多介质多界面多尺度的污染控制理论与技术体系，重点在以下三个方面取得科学突破。

1. 分析方法：多介质污染的交互作用和生态效应

研究复合污染的水-固-气微界面过程及分子水平反应机制，研究典型污染物在食物链中的传递、富集行为及毒理和生态效应。

2. 机制：多污染物多介质协同控制原理与方法

揭示污染物转化中界面电子转移与物质传递规律，阐明界面生物、物化过程中的多介质协同机制，建立生物-材料多介质界面的污染物转化调控方法。

3. 控制：多尺度环境综合治理与资源化能源化的耦合机制

研究不同尺度界面及多界面组合的设计原理，研究典型元素定向转化和循环利用的技术理论与方法。

（二）污染物定向转化机制与微观过程监控

环境污染物的转化过程目前仍属于“黑箱”体系，传统的分析方法和技术难以实现对反应过程的微观探测，制约着污染控制新技术的发展和应用，迫切需要建立针对污染物定向转化过程的微观化、精准化和实时性探测方法。因此，应重点在以下三个方面实现科学突破。

1. 转化过程中污染物的分析新方法

发展以复合污染物为对象的单分子和单颗粒探测方法，建立原位分析污染物的新原理与新技术，在分子水平上揭示污染物在转化过程中的形态、组分变化规律。

2. 污染物去除主体的原位监测新技术

发展污染物转化系统中混合微生物的单细胞分析和组学分析方法，突破复杂体系中活性粒子和活性位点的原位监测技术，在微观尺度上阐明污染物与作用主体的相互作用机制。

3. 污染物转化的调控原理

建立描述污染物转化过程的统一性模型，构建针对污染控制过程的智能化监控系统，形成调控污染控制过程的理论体系，进而发展高效、精准的污染物定向转化技术。

（三）区域环境污染控制及生态修复

我国区域生态环境保护工作的重心已由环境污染治理向生态服务功能提升转变。区域环境污染控制及生态修复研究面临辨析环境容量提升、生态修复和生态服务功能间的转化关系，阐释区域环境生态与社会经济复合系统间多要素耦合的复杂性问题，以及构建多源、多尺度生态环境大数据平台的迫切需求。因此，应重点从以下三方面开展跨学科交叉融合。

1. 区域环境容量与生态服务提升

探索区域环境污染控制及生态修复协同效应，阐释环境容量、生态承载力及生态服务功能变化驱动机理及转化机制。

2. 区域能源-水资源-食物耦合及生态系统调控

揭示区域能源-水资源-食物资源关联下的区域生态流流转机制及其系统耦合机制，明确系统资源环境效应及其综合调控模式。

3. 大数据下的环境治理与生态安全操作空间

发展区域生态环境要素与自然-人文驱动要素的多源、多尺度数据融合理论方法，提出环境生态安全监测、评估及调控大数据平台理论与方法。

四、水系统科学与水安全基础理论和深海装备关键技术

数据蕴含着丰富的知识与价值。以大数据和人工智能技术等为主的第二次信息化革命浪潮风起云涌，仿真范式和数据密集范式正在引领新的科技革命，不断催生水利科学创新。与其他行业相比，人类社会治水、管水已有数千年的实践经验，积累了丰富的数据与知识，将数据科学引入水利科学的条件更加成熟。新时期的全球水资源危机日益严峻，已成为全球治理的核心问题，对海量数据背景下水利科学的再创新提出了更加紧迫的要求。2016年至今，我国密集出台了《“十三五”国家战略性新兴产业发展规划》《促进新一代人工智能产业发展的三年行动计划（2018—2020年）》等十余项政策，极大地推进了水利科学和大数据、人工智能的交叉融合。

传统的装备设计是一个从概念设计、方案设计、技术设计到施工设计的逐步深入的串行设计方法，割裂了组成系统的各个学科之间的相互影响，在设计各阶段对各学科的考虑非常不均衡。

在确定方案时，常根据设计的需要以追求单个性能指标最优为主，其他的性能指标作为约束条件，这种方式不能有效综合集成各学科进行协同优化，因此无法获得各种性能综合最优的设计。多学科设计优化是一种并行设计方法，能够充分考虑各学科相互耦合的协同作用，将各个学科本身的分析和优化与整个系统的分析和优化结合起来，是深海装备设计理论的重要发展。

重点研究方向包括以下方面。

（一）数据水系统科学与水安全

数据水系统科学与水安全通过深度挖掘空-天-地的海量观测数据，构建水系统新兴大数据分析理论，揭示多要素、多尺度水系统演变规律及伴生过程；发展基于密集数据的水系统模拟、水灾害预测与防治理论方法，提高洪旱灾害的监测、预警预测能力和水利工程的运行管理水平，服务于我国的水资源保护与开发、环境生态水利保护和修复与水工程安全运行。具体研究水系统大数据分析理论与方法，密集数据驱动的水系统多尺度演变规律与机理再认识，基于空-天-地一体化观测的水系统模拟与水灾害预警预测，基于大数据的水资源智能开发、利用与管理决策理论，基于海量数据与人工智能的水系统保护和修复理论等。重点攻克基于多尺度、多要素水系统大数据获取与存储、分析与计算、管理与决策的水安全保障理论和方法等核心科学问题。

（二）深海空间站与新型潜水器

研究深海空间站多学科优化设计方法，发展深海潜水器集成、设计、制造、布放回收与作业技术，研究移动式水下观测网分析设计方法与控制技术，发展深海潜水器环境感知与导航定位技术；发展无人潜器实海测试技术，促进无人潜器的工程化应用；发展弱感知与弱通信条件下的无人潜器协同探测技术。

（三）深海装备的模型试验、现场测试及海上安装技术

研究深海风、浪、流等非定常、非平稳、非线性海洋动力环境的相似理论和试验模拟技术；发展深海装备的运动性能和非线性动力响应的模型试验技术；研究甲板上浪、波浪爬升、砰击、晃荡等非线性非连续全过程相似理论和模型试验技术，发展超大型船、超大型浮体水弹性模型试验方法；研究船舶系泊系统和拖航试验技术与现场测试技术；发展大型海上装备安装技术。

（四）深海海洋工程结构安全与风险分析

研究海洋工程结构局部强非线性绕流特性和非线性动力响应分析方法，发展船舶与海洋工程结构振动控制和降噪技术及抗冲击设计技术；研究基于可靠性和风险评估技术的结构分析方法；研究深海工程结构物海底基础强度与可靠性；研究船舶与海洋工程结构整体极限承载力分析方法，发展海洋工程结构全生命周期性能分析与设计理论。

五、智慧城市建设关键技术

（一）城市泛在感知网络及其集成技术

以物联网技术为基础，通过各种信息传感设备，实时采集城市运行中任何需要监控、连接、互动的对象或过程等各种信息，与互联网结合形成一个巨大网络，从而实现城市中的物与物、物与人，以及所有的物品与网络的连接，以便对城市中的各种目标与事件进行识别、管理和控制，在此基础上对各种传感器

所捕捉到的信息进行集成与整合，实现对城市的全面泛在感知。主要研究面向城市的泛在感知原理和方法；研究基于城市泛在感知网络的群体感知、参与感知、移动感知、环境感知、内容感知等多重综合感知与信息获取技术；研究面向城市人文、地理与信息三元空间多重感知数据的有机融合与协同技术；制定面向开放服务的城市泛在感知网络统一、规范、合理的规则和标准。

（二）虚拟城市环境实时构建与动态表达技术

以城市环境的全面感知与快速建模为技术支撑，综合利用摄影测量、计算机视觉、虚拟现实、增强现实等技术，建立与现实世界一致的真三维、全要素、开放式的虚拟城市空间，发展复杂城市环境实时构建和动态表达的技术方法体系，重点研发虚拟城市环境的动态建模与实时构建技术、虚拟城市环境的时空演变与过程模拟技术、城市地理环境模型形式化与情境化的动态表达技术，发展集成地理过程模型、地理协同与专家知识的城市地理环境模拟、预测与评估模型，研发城市行为和状态的分析研判、规律反演、推演预测与评估调控技术体系。

（三）城市数据空间语义关联融合与数据挖掘技术

研究城市数据信息的语法结构特征和语义表征理论，研究城市数据语义信息的自动搜索、识别、判断和提取技术，研究面向城市大数据的多模态语义信息多层次关联与动态融合分析技术，研究面向城市大数据的信息关联推理和深度挖掘技术。

（四）城市空间仿真与优化技术

以虚拟现实技术为基础，以虚拟城市环境为支撑，综合运用多种领先的信息技术，研发一系列城市空间仿真与优化的关键技术，提升城市规划、设计、建设、管理、服务的智能化水平。重点发展基于城市大数据的城市空间优化理论和方法，研究基于城市大数据的城市空间智能分析与优化决策模型，研发面向城市环境、规划方案、建筑设计、设施配置、路网布局以及各类城市空间决策的模拟、仿真与优化技术，研发全数字化的城市空间仿真分析平台，制定用于城市管理、城市规划、城市设计、建筑设计等领域的标准规范，以及研究智能网络环境下的城市交通系统重构技术。

（五）基于人类行为分析的城市运行优化与提升技术

城市空间为人类提供了生活环境，人类的各种行为也同时塑造了城市空间。通过对人类行为的认识，将城市的空间形态与人的行为模式统一起来加以研究，才能推动和实现城市运行的优化提升。重点研究构建人类社会关系网络、行为模式、传播流向的时空模型，认知和模拟城市系统内人类群体的交互方式、行为方式、传播方式等对城市发展创新能力、生产能力、幸福指数、社会安全等的影响和作用机理，探索研究优化城市设计、改善城市结构、转变城市治理模式、提升城市运行效率、促进城市发展的新路径和新方法。

六、交通学科重大交叉研究方向

（一）轨道交通学科

研究常导高速磁浮交通系统工程理论体系，完善系统噪声与振动、系统动力学、地面效应、结构强度与轻量化、电磁环境控制、高速信息通信等应用技术；推进磁浮交通系统自主技术储备，构建常导高速磁浮交通系统专业学科体系，完成核心系统工程设计制造技术、试验验证技术、全生命周期运维技术、系统防灾减灾及救援疏散等技术开发，形成常导高速磁浮交通系统试验验证内容、方法系列标准规范并验证，完成试验工程建立，开展时速600 km的磁浮运行试验。研制非常导高速磁浮系统车辆、非常导磁体、悬浮架及道岔等关键系统部件样件，构建包括非常导高速磁浮系统车辆、非常导磁体、悬浮架及道岔等关键系统部件实物样件在内的不小于500 m的非常导高速磁浮交通系统虚实耦合全要素试验验证系统。

（二）道路交通学科

车路一体自主交通系统基于力学耦合、信息耦合，通过信息流调控，实现交通流最优化和能源流集约化。核心科学问题包括车路一体耦合动力学、车路系统行为与能耗规律和车路群智与协同计算。重点研究方向包括以下几个方面。

1. 车路耦合机理与系统动力学

针对新型人-车-路耦合机理、车路一体自主交通系统行为与演化规律、车路一体自主交通系统协同安全与控制理论和多网（交通、设施、信息、能源）信息融合方法开展深入研究。

2. 自主智能新能源汽车

从车路一体视角，重点研究信息环境下交通参与要素行为预测与动态博弈理论；建立驾驶环境场景与态势的不确定性分析及动态轨迹规划理论，逐步开展驾驶环境场景不确定性建模、基于不确定不完全信息的动态轨迹规划的研究；探索建立类人自主驾驶决策理论及车路协同决策理论。

3. 智能道路基础设施

急需开展道路基础设施的统一规划、协同设计和融合管理等相关技术的科研部署，并研发新型基础设施结构与材料。

4. 车路群智与协同

通过研究车路一体自主交通系统的全息感知技术、资源动态优化配置方法、共享交通的调度以及交通网络智能调控，有效提升交通系统管理的智能化和自动化水平，为保障交通系统运行的安全、效率和可靠性提供理论基础与技术保障。

5. 车路一体系统仿真与测试

针对人-车-路-环境新型耦合关系的复杂交通系统，通过建模仿真、驾驶模拟器试验、自然驾驶试验等研究人的心理、行为与车辆行驶及交通系统运行的交互作用规律，研究融合微观交通和车辆动力学仿真的车路一体仿真理论与方法，整合宏观、中观、微观多尺度一体化的多分辨率交通仿真理论与方法。

（三）车辆工程学科

重点研发泛交通高效氢能发动机。研究压缩比、高增压条件下氢能爆震燃烧控制，研究氢氨燃料高压燃烧化学和氮氧化合物（NO_x）催化，研发高效零碳氢氨发动机；研究氢涡轮动力的燃烧、流动与传热基础理论，突破氢/氨稳定清洁燃烧、高功重比涡轮发电、高温燃料电池和闭式循环涡轮复合等关键技术，研发高性能氢涡轮动力系统。针对车用和船用，突破热效率≥50%、升功率≥100 kW/L 的氢氨发动机燃烧技术，研发高效高功率零碳排放的氢能或氨能发动机。

（四）水运交通学科

水运交通学科主要研究以下方向：船舶智能航行、船舶智能机舱、智能航运系统泛在传感与边缘计算方法、智能航运系统信息通信与网络安全、智能船水上交通安全风险管控、港口物流智能管理技术、港口基础设施智能化与装卸装备自动化。

（五）航空交通学科

重点研究先进航空器系统的基础理论与关键技术。我国的航空器装备仍然在飞行体系架构优化设计、航空发动机、航空器适航等方面与国外存在明显差距且面临“卡脖子”风险。面对我国航空器发展瓶颈问题和跨域型、环保型、高速化发展趋势，航空器系统设计、飞行控制、适航和运维等方向将呈现越发凸显的多学科交叉需求，特别是人工智能及绿色新能源技术赋能，将推动航空器系统研究范式的变革发展，急需加强航空器系统多场多学科深度跨界融合创新中的应用基础和关键技术研究，实现从目前的“跟随者”到不远的将来的“并行者”再到将来的“领跑者”的“弯道超车”。航空交通学科的重点研究方向包括以下方面。

1. 飞机体系能力涌现机制与多学科优化设计

突破以跨域多学科、多目标、多约束、稳健性优化为核心的新设计理论与方法，重点研究飞机体系不确定需求辨识表征与体系能力涌现机理、飞机体系设计参数跨层级耦合机制与体系架构权衡优化、智能气动与多学科设计、全速域气动数据智能融合与关联、数据驱动的飞行器多场耦合模型、航空发动机短舱系统一体化设计等理论方法和关键技术。

2. 航空器混合增强智能决策与飞行控制

突破混合增强智能下有人 / 无人航空器行为决策与飞行控制方法，重点研究高可靠性和泛化性的共享控制决策模型、全局最优的人机协同决策控制机制、面向真实任务环境的人机协同系统验证与分析范式、有人 / 无人机大机动 / 特情动态安全边界判定与混合增强智能飞行控制等理论方法及关键技术。

3. 洲际快速航空运载器宽域涡轮组合动力

系统性布局涡轮组合动力技术研究工作，重点攻关马赫数（*Ma*）在 0～6 的宽范围高性能变结构进排气技术、高负荷涡轮机技术、第三流体复杂循环与流量 / 热 / 功匹配技术、极高温 / 极低温多介质高功重比换热技术、宽混合比多模态高效燃烧技术、闭式循环系统起动与多模态平稳切换与控制技术等科学难题。

4. 航空器系统智能健康管理

解决飞机结构和机载系统健康管理中的障碍性多学科交叉问题，重点研究系统安全性建模与智能分析、飞机复杂交联系统故障产生与演变机理、多源数据融合的故障协同监测与自主诊断、基于结构监测数据和视觉技术的结构损伤识别与多尺度评估、数字孪生式飞机结构寿命管理与智能维护决策、数据驱动的视情维修等理论方法与关键技术，提升航空器系统健康管理的数字化、精准化、自适应和自动化水平。

5. 临近空间系统装备与运用关键技术

临近空间装备“上得去、下得来、停得住、用得好”仍然面临挑战，亟待多学科集成创新，突破非成形临近空间飞艇安全发放与精准回收、复杂环境下临近空间飞艇智能决策控制、临近空间低速飞行器循环能源设计与优化管理、临近空间飞行器数字孪生建模、临近空间飞艇结构损伤在线监测与识别、临近空间太阳能无人机超长航时飞行等基础科学和关键技术问题，形成系统化的临近空间装备研制与运用关键技术，为我国临近空间装备的跨越式发展与高质量应用提供支撑和保障。

（六）管道运输学科

1. 大型复杂油气管网系统智能化运行与保供

油气管网智能化运行涉及流体力学、传热学、数据科学、人工智能等多学科领域。挖掘管网运行实时数据，建立油气管网数据智能分析方法，精准识别运行状态，开展管网本体安全智能化监测研究，建立运行工况智能识别技术，优化管道运行能耗；研发大型复杂管网的在线仿真技术，管网仿真软件国产化研究与开发，实现管网的实时在线优化、决策；推进数字孪生技术的研究与应用，加快自动化在线监测和运维技术研发，形成调度优化控制策略生成技术；耦合工艺特性和运行数据的设备运行状态智能诊断、管网系统的异常故障智能分析与诊断，为管网的运行决策提供技术支持，从而提高管网运行的智能化、安全管理水平。

2. 气-电耦合系统规划运行研究

风电和光伏发电的不确定性及不连续性对气网、电网的安全稳定与运行调度带来挑战，需要对气-电耦合系统调度方案进行优化，合理利用管存及管道运输能力；考虑电力市场、天然气市场及管容市场的动态匹配，基于市场价格信息、运营成本以及系统决策，实现资源的有效配置；建立电网和电网动态模型，考虑燃气轮机及电转气技术（power to gas，P2G）机组等耦合设备，精确描述并反映气-电耦合系统的实时动态运行过程；考虑气-电耦合系统的复杂网络特性及连锁故障传播机理，优化应急调度及事后恢复控制方案，规划系统储能、储气及线路建设，研究气-电耦合系统的可靠性及韧性评估方法；弃电制氢可注入天然气管道进行输送，需要考虑不同用户的需求特征及管道设备水力特性，研究掺氢输送对管网运输能力的影响规律。

第三节　未来 15 年的国际合作研究领域

《纲要》指出要积极促进科技开放合作，实施更加开放包容、互惠共享的国际科技合作战略，更加主动融入全球创新网络；加大国家科技计划对外开放力度，启动一批重大科技合作项目，研究设立面向全球的科学研究基金，实施科学家交流计划。未来 15 年，工程学科拟开展 8 个领域的国际合作研究，即土木工程防灾减灾基础理论与先进技术、适应“一带一路”倡议需求的高性能桥隧基础设施设计建造理论与技术、极端环境条件下的岩土力学与工程技术、复合污染控制与环境生态修复理论及技术、“一带一路”水资源安全与智慧管理理论和技术、极地工程基础理论与关键技术、绿色智慧城市规划设计理论与技术、以 3 万 t 及以上重载铁路货运装备技术及标准体系等为代表的交通学科国际合作研究。

一、土木工程防灾减灾基础理论与先进技术

自然无时无刻不在改变着人类世界，并往往伴随着严重的甚至毁灭性的灾害，如环太平洋地区的地震、菲律宾的火山、大西洋地区的飓风、印度洋地区的海啸等。全世界大多数国家都面临

多种自然灾害的威胁，如何控制并降低地球自然灾害对城镇基础设施的破坏，避免造成惨重的人员伤亡与经济损失，使人类的生存与发展环境更加安全，已成为全世界土木工程科研人员共同关注的焦点问题。我国受自然灾害的影响严重，虽然近年来国家非常重视土木工程防灾减灾技术的研究，但与美国、日本等国家相比，仍有一定差距。例如，目前最先进的结构抗震设计理论、韧性城市理论、各类灾害分析模拟方法等均是由发达国家首先提出的。因此，急需开展广泛的国际合作，掌握先进技术，全面提升我国土木工程防灾减灾科技水平。具体开展的研究方向包括以下几个方面。

（一）土木工程结构与城市区域抗震基础理论及先进技术

针对地震灾害，我国可与美国、日本、新西兰等地震工程技术先进国家合作，研究土木工程结构智能减震控制技术，灾后功能快速恢复新型结构体系，抗震韧性城市评价、设计、管理理论与技术，复杂结构地震灾害响应试验与数值模拟技术等。

（二）多重极端灾害条件下的工程结构防灾减灾综合能力提升

工程结构在全生命周期内会不可避免地遭受多次、多重灾害影响，其安全性也因此面临极大威胁。传统结构设计方法通常只考虑单次、单一灾害作用下结构建成后的初始性能，忽略了多次、多重灾害对结构性能的影响以及全生命周期内结构性能的退化，这种设计缺陷会大幅增加结构在灾害作用下的损失成本，并严重影响结构的抗灾安全性。因此，急需深入研究土木工程结构在地震、飓风、洪水、冰雪灾害、地质灾害、爆炸、火灾、偶然性冲击等多重灾害作用下响应的数值与试验分析技术，发展基于全生命周期可靠度的结构综合防灾减灾设计方法。

二、适应“一带一路”倡议需求的高性能桥隧基础设施设计建造理论与技术

“一带一路”倡议的推进将把基础设施的互联互通作为优先发展的领域，通过加强各国之间基础设施建设的规划和技术标准体系的对接，逐步形成连接亚洲各区域以及亚非欧之间的基础设施网络。同时，基础设施建设要消耗大量资源，如钢铁、水泥、石料、木材等，而基础设施的周期性又非常强，共建“一带一路”国家的基础设施建设，将决定其未来几十年的能源消耗、资源利用与废物排放。因此，绿色基础设施建设成为必然选择。然而，共建“一带一路”国家的环境保护与可持续发展压力较大，地理气候环境复杂，如何在“一带一路”倡议中合理协调各国资源禀赋的差异，考虑气候变化的影响，适应各类复杂恶劣环境，强化绿色建造和运营管理等是土木工程学科面临的新挑战。其中桥梁与隧道建设是基础设施互联互通的关键节点与难点，发展适应“一带一路”倡议需求的高性能桥隧基础设施建设与运营技术，是急需与共建“一带一路”国家开展国际合作研究的重要领域。具体研究方向包括以下方面。

（一）适应不同复杂恶劣环境的高性能桥隧结构体系

基于高性能水泥基材料、工业化建造等先进材料与技术，结合共建“一带一路”国家的资源、环境、交通等情况，发展一系列适应不同复杂恶劣建造与运营环境（高温、高海拔、高压、高腐蚀、山区、荒漠、森林等）的高性能桥隧结构体系，研究绿色、

快速、高效的施工建造技术。

（二）复杂恶劣环境下的桥隧结构全生命周期服役可靠性研究

桥梁隧道结构在运营服役期间始终暴露在复杂温度场、时变风场、偶然冲击的共同作用下，同时还面临风雨、强震、旱寒、复杂地质等极端恶劣环境的考验，导致其服役性能不断退化。因此，需要重点研究桥隧结构全生命周期服役性能演化机理与规律，提出结构时变模态和物理参数在线辨识方法，以及基于时-空多尺度精细建模的结构性能反演-推演技术，建立结构性能动态可靠性评估方法，研发灾变防控多级预警技术，提出基于全生命周期的风险-成本优化的结构维修策略。

三、极端环境条件下的岩土力学与工程技术

为应对全球资源日渐紧缺和生态环境持续恶化的严峻形势，我国在《“十三五”国家科技创新规划》中提出了“决战深部”的科技发展战略。《纲要》将深空、深海、深地和极地探测列为具有前瞻性、战略性的国家重大科技项目。解决全球气候变化与极端灾害频发问题、拓展发展空间，已经成为能源资源可持续发展的主要努力方向，面向深空、深海、深地的发展态势已经形成。目前深空、深海、深地已成为重要的战略资源，其开发程度体现了一个国家的综合竞争实力。在对这些领域的研究方面，我国与欧美等发达国家有一定差距，急需开展国际合作研究。拟解决的关键科学问题包括：极端气候与极端灾害环境下的岩土体系及其与结构相互作用，深空、深海、深地岩土体特性及生态岩土

工程理论等。

具体研究方向包括以下几个方面。

（一）极端气候与极端灾害环境下的岩土工程问题

全球变暖将带来更为频繁的极端灾害天气，而极端天气将引发大量的滑坡、泥石流等自然灾害，对这些灾害的监控、预报、预防和治理是未来岩土工程学科的重点方向。因此，急需开展极端气候与极端灾害环境下的岩土体变形及强度变化规律研究，探讨岩土体力学特性的时效及应变速率效应，以及地质灾害和灾害链的多重叠加耦合作用与转化机制。

（二）深空、深海、深地岩土力学与工程问题

随着岩土工程领域的不断拓展，特别是在“深空”（月球土、火星土）、“深海”（深海能源土）、“深地”（深部岩土体）工程（“三深”工程）方面需要面对更多复杂的岩土材料和环境条件（高/低温度、高辐射、微重力、高/低磁场、高地应力、高水压、高真空、低重力、强化学作用等）。因此，急需通过宏、微观岩土力学研究，从本质上探究岩土材料复杂宏观特性的微细观机理，建立多尺度分析理论与方法，解决“三深”工程岩土力学与工程中的疑难关键问题。

（三）生态岩土工程问题

全球气候变化已经改变了极地/冻土地区、沙漠、海洋等自然环境的原生状态，给本已脆弱的环境带来极为不利的影响，生态环境的变化反过来也将制约人类活动。因此，可以通过协调工程建设活动与生态环境之间的关系，主动缓解因生态环境变化而产生的岩土工程问题，助力国家重大基础工程建设安全、经济和

环境协调发展。

四、复合污染控制与环境生态修复理论及技术

我国高速的工业化与城镇化进程带来了资源短缺、环境污染和生态破坏等问题，生态文明建设面临巨大压力和严峻挑战。发达国家经历了更长的环境保护发展过程，在从单一污染控制向复合污染协同控制、从点源与局部污染治理到区域环境生态调控的转变方面，拥有更丰富的科学技术积累与经验。另外，全球气候变化给各国城市水环境、区域环境生态安全均带来了严峻挑战，全球面临共性的环境科学难题及技术需求，需要各国联手合作才能成功应对。因此，加强与发达国家和发展中国家的相关合作研究，相互补充与借鉴在环境复合污染和区域环境问题的生态修复等方面的科学研究成果，既符合环境保护的国际发展潮流，又具有迫切的现实需求与意义。

具体研究方向如下。

（一）超短流程水质净化理论与组合工艺

水质安全是全球共同面临的重大挑战，全球约有 20 亿人口无法获得安全饮用水，工农业生产缺乏充足供水（刘洪彪和武伟亚，2013）。为应对水源中越发严重的常规、新兴污染物以及复合污染等问题，传统的水质净化工艺流程越来越长，导致药耗能耗持续增加和水质的二次污染风险。因此，研发超短流程、不用或少用化学药剂、高效、安全的水质净化技术将是重要方向。

关键科学问题包括：高效选择性地去除水中微量复合污染物的材料设计、超短流程水质净化技术与水质风险控制理论。

（二）大气复合污染与气候变化协同应对关键基础科学问题

当前大气污染和全球气候变化问题是国际社会关注的焦点，研究大气复合污染与气候变化协同应对机制是一个多学科交叉的国际前沿课题。《中华人民共和国大气污染防治法》已明确提出“大气污染物和温室气体实施协同控制”（中华人民共和国生态环境部，2018）。近年来，我国在源-受体响应关系和费用效益分析方法、大气污染防治科学决策、重污染天气预报预警与联合应对等方面取得了一系列成果。今后将重点开展区域大气复合污染与气候变化协同应对的基础理论、技术方法与管控政策研究，建立气候-污染双重约束下的大气污染物与温室气体协同减排技术体系。

关键科学问题包括：大气污染物排放和气候驱动对大气复合污染的协同效应、大气复合污染与气候变化的相互作用机制、大气污染物与温室气体的协同控制原理。

（三）有机-重金属复合污染场地协同治理理论与关键技术

有机-重金属复合污染场地是国内外场地污染治理的难点和热点，是构建污染场地治理技术体系的重要组成部分。场地有机-重金属复合污染由一直沿用分步治理、单项治理的方式，逐渐转变为利用有机物和重金属的共性与特性进行治理。根据风险控制思路，探索了有机污染物降解和重金属稳定化的协同修复方法，在理论和应用方面取得了初步进展。今后针对复合污染场地，将重点探索场地多介质、污染物多种类、修复多方法的协同治理和风险管理方法。

关键科学问题包括：复合污染条件下多种污染物的环境行为、有机污染物降解-重金属钝化的耦合设计与风险协同削减原理、场地多介质条件下复合污染物的转化过程控制。

（四）气候变化背景下的流域/区域环境演变规律及生态修复

气候变化对污染物的迁移转化和生态效应具有深刻影响，其对水、土、气环境质量及生态系统的影响已受到国际社会、政府部门和学术界的高度重视。气候变化的影响及适应性对策已成为当前国际研究的重大热点和前沿方向，国外已在相关领域取得显著进展。我国急需在该领域开展国际合作，研究气候变化背景下的流域/区域环境演变规律及相应的生态修复措施，为系统解决流域/区域环境生态问题，以及为我国参与全球气候谈判、国际气候治理以及“京津冀一体化”等国家战略和“一带一路”倡议的实施提供科技支撑。

关键科学问题包括：流域碳氮循环与温室气体的排放规律和减排机制、区域环境质量和生态系统对气候变化的响应及修复。

五、“一带一路”水资源安全与智慧管理理论和技术

水文水资源是维系区域环境和生态安全的重要组成部分，是世界各国环境与生态保护战略的重要内容。我国不断加强水文水资源领域的国际合作，积极推动落实“一带一路”倡议和联合国《2030年可持续发展议程》、澜沧江-湄公河合作（简称“湄澜合作”）等国际项目。在环境变化的背景下，自然-人工要素对水系统的影响日益增强，水文学研究对象正从狭义水（循环）系统发展为由自然、社会、经济组成的广义的水系统协同演化过程。全

球变化如何影响和改变水文响应是长期存在的难题。扩大研究范围、丰富驱动要素、改变认知模式、完善表述方式等是水系统协同演化领域的发展方向。全球水循环、变化环境下的水文响应、分布式水文模型、水文相似和分类等成为研究热点与前沿。水资源开发利用已从以供水量和经济效益最大为目标的开发利用模式，逐步转向保障经济、社会、环境、生态可持续发展的新型水资源管理模式。水资源综合管理的研究热点主要聚焦于变化环境对水资源安全形势的影响评估与适应性调控分析，研究尺度由工程逐步侧重流域、跨流域等大尺度范围，与系统科学、管理科学、能源科学、环境科学、信息科学等学科领域的交叉融合不断深入。

我国是世界上水问题最复杂的国家，水治理需求极大地推动了水文水资源学科的发展。与国际同类学科相比，我国在新一代流域水文模型开发、大尺度水文极端事件影响研究、水文过程对气候变化的响应研究、水资源系统多目标综合调控等方面处于领先地位，在全球尺度水文模型和高新信息技术应用、水资源现代化智能调度与精细化管理方面处于“并跑”地位。

围绕“一带一路”相关国家水资源管理的难点问题，应优先部署变化环境下的水循环时空演变机理及模拟、极端洪涝与干旱灾害预测预报及风险评估、国际河流合作开发与综合管理、水系统协同演化、水资源系统智慧管理与调控等研究方向。重点攻克水文水资源多源信息融合与河流全物质通量监测技术、水系统协同演化机制与模拟技术、非一致条件下的工程水文设计理论与方法、变化环境下的水资源系统风险评估、“水-粮食-能源-生态”纽带关系及协同保障方法、基于大数据与人工智能的水资源智慧管理技术等核心科学问题。

六、极地工程基础理论与关键技术

随着极地海冰缩减，北极航道和极地资源开发变得日渐现实。北极是连接太平洋北部与大西洋北部的最短航道，蕴藏丰富的自然资源。极地重要的生态、经济、资源、军事地位和战略价值已被世界所认同。近年来，我国将“极地”作为战略新疆域给予高度重视，2018 年国务院新闻办公室发布的《中国的北极政策》白皮书中指出，“中国是北极事务的重要利益攸关方”“抓住北极发展的历史性机遇”（新华社，2018），明确地表达了我国在北极发展中的立场与战略布局，并发起了与各方共建“冰上丝绸之路”的重要合作倡议。《纲要》将深空、深海、深地和极地探测列为具有前瞻性、战略性的国家重大科技项目。

“极地战略，装备先行”，国际上近极地国家（如美国、俄罗斯、加拿大等）均加大了极地装备研发力度，而且在海冰力学特性、冰船耦合作用等方面具有雄厚的理论基础和技术储备。我国在极地装备技术方面起步较晚，尽管近年来围绕极地工程的研究不断深入，但与近极地国家在关键核心技术上还有一定差距。因此，急需围绕“冰上丝绸之路”建设，联合俄罗斯、北欧等极地技术雄厚的国家和地区，借鉴对方在理论推导、实地测试等方面的优势，联合突破一批极寒条件下的关键科学问题和核心技术，开展极地装备运动性能与结构响应等方面的研究，为研发一批极地航行、资源开发和海洋监测探测的重大装备提供支撑，取得具有国际影响力的创新性科学成果。

极地自然环境恶劣，极地船舶和海洋工程等装备，除了会遭遇敞水海域的水载荷之外，还会遭遇幅值大、频率高和冲击性强的冰载荷，同时设备还会面临低温、冰冻等极端环境。为突破一批极寒条件下的关键科学问题和核心技术，须部署极区环境理论分析及预报方法、极地海洋环境与结构物耦合作用机理和分析方法、新型极地工程构型机理和方法、极端风险事件评估与处置方法、极地装备关键系统基础问题等研究方向，重点攻克极地航行条件下的海冰力学行为、极区复杂环境载荷与结构物耦合动力学特性、新型破冰方法力学原理、极区海域冰山碰撞及冰区溢油灾害特征与围控原理、极地装备抗冰除冰理论与方法等核心科学问题。

七、绿色智慧城市规划设计理论与技术

（一）面向智慧城市的高密度建成空间规划设计方法

城市高密度建成空间品质优化与提升，既是中国城市发展面临的任务，也是全球城市未来需要共同应对的课题。目前，中国、美国及欧洲国家的政府和科研机构都在该领域进行了大量研究，通过城市数字化技术，不断获取、整合和分析城市中的多源异构信息，以解决城市高密度建成空间所面临的挑战。通过国际合作将无处不在的感知技术、强大的机器学习算法，以及高效的数字化城市规划设计相结合，致力于提高城市生活品质，保护环境和促进城市运转效率，帮助理解各种城市现象的本质甚至预测未来城市形态。在建设智慧城市的背景下，城市规划设计在研究问题、技术体系、方法理论和应用场景等方面都受到数字技术引发的深远影响，关系到中国城市空间的质量提升和可持续发展，是我国未来城市化发展的抓手和战略制高点（陈桂香，2011）。

20 世纪末至今，我国经历了人类历史上前所未有的快速城镇化发展，丰富的规划实践经验极大地推进了城乡规划学科的发展。

与国际同类学科相比，我国在具有高密度的特大城市建成空间建设方法与实践方面处于优势领先地位，在前沿数字化技术与智慧城市建设方面处于“并跑”地位，在城市建成空间规划设计理论方面与国外还有一定差距。面对中国城市高密度建成空间的品质优化与提升问题，应优先部署基于数字化的多重尺度整体性城市设计理论和方法体系，城市形态的有机复杂性及其生成性理论，城市形态诸要素的构成及其关联结构理论，城市形态与环境性能之间的关联性及建成环境性能整体优化策略，智慧城市背景下空间发展的新机制，基于城市多源异构数据采集的数字化集成交互平台搭建方法，基于多源异构大数据集成交互的城市内在规律的解析及预测方法，基于多源异构数据整合分析的智慧城市规划设计方法等核心科学问题。

（二）既有建筑绿色改造更新

在我国约40年的快速城市化进程中，大量既有建筑存在结构老化、能耗过度、空间利用率不足的问题，如何通过对既有建筑的性能提升和绿色改造，以使既有建筑环境更加优化、结构更加坚固、能耗更加节约、空间更加集约，对城市生态环境的可持续发展具有重要意义。德国、英国、美国、日本等发达国家在既有建筑性能提升和改造设计方面拥有丰富的经验及较多的成功案例，在该领域进行国际合作有利于我国了解和掌握该领域的先进理念与核心技术。

为此，需要针对既有建筑的结构加固、建筑物理环境的优化，研究基于功能更新的建筑空间再利用方法。其中，既有建筑的结构加固包括支撑结构强化、围护结构更替；建筑物理环境的优化包括保温隔热性能提升、防噪减噪措施运用、通风优化等；基于功能更新的建筑空间再利用方法包括建筑空间的二次划分、再组织及集约利用方法。

（三）健康建筑设计理论和方法

近30年来，国际上对健康建筑的关注与日俱增，积极探求健康建筑的技术途径及功能要求，并针对健康建筑的理念、影响因素、健康评价、设计策略、性能评价模型等内容开展了系列研究。过去几十年，重点关注资源节约和环境友好的绿色建筑标准大大推动了建筑业市场转型，绿色建筑实践在全球迅速扩展。如今，人们开始更多地关注建筑所带来的健康性、体验感及幸福感，健康建筑标准在落实无害化建筑环境的基础上，进一步提升建筑的健康增益价值，将再一次促进建筑市场转型。

我国学者早在1995年就提出了适应当时社会发展背景的“健康建筑”的定义，随后陆续开展了“健康建筑”“健康住宅”等方面的研究和标准化工作（李国华，1995）。但受当时经济水平和技术发展的影响，健康建筑并未得到全面发展。2016年10月，中共中央、国务院发布了《“健康中国2030”规划纲要》，其中提出了包括健康水平、健康生活、健康服务与保障、健康环境、健康产业等在内的“健康中国”建设主要指标。建筑规划与设计、室内外环境、功能设置、相关服务设施、相关产品等均是上述各领域的重要构成部分和影响因素。近年来，我国建筑室内空气品质不佳、建筑环境舒适度差、交流与运动场地不足等由建筑所引起的低效、传染、慢性病、心理障碍等问题日益凸显，给人的身心健康带来不同程度的影响，这些都是需要解决的问题。另外，2017年3月住房和城乡建设部发布的《建筑节能与绿色建筑发展“十三五”规划》中提出，“十三五”期间的绿色建筑发展要以人为本，以适应人民群众对建筑健康环境不断提高的要求为目标。我国发展健康建筑是人们追求健康生活的需求，是“健康中国”战略的需求，同时也是绿色建筑深层次发展的需求（住房和城乡建设部，2016）。

为此，需要开展健康建筑相关基础理论或应用基础研究，包括：不同空间尺度下（城、区、街道、建筑）的规划与建设、环境监测、健康监测等的数据整合与识别新方法；健康社区和健康建筑关键影响因素机理研究及多维度智能诊断识别评估模型；社区和建筑两类尺度下的健康影响因素的短期与长期健康效应基础理论、方法与关键技术；社区与建筑环境对居民健康影响因素的分析及风险预测，新发突发公共健康风险（如突发传染、污染）控制机理，应急识别、快速响应方法及关键技术；健康社区和健康建筑规划与设计方法，健康社区的规划与设计理论、方法和关键技术，健康社区性能评估模型和方法，健康社区物理环境（声、光、热）健康营造新原理、新方法；建筑环境健康性能预评估理论、模型和方法，室内空气污染防控、饮用水水质控制、非视觉健康照明、健康睡眠、健康温湿环境控制机理、模型和方法等；基于人员定位的无干扰式的健康建筑性能监测模型、方法等；健康建筑后评估模型和方法等。

（四）新型节能围护结构材料及环境控制末端

我国建筑总能耗约占全国能源消费总量的20%，建筑碳排放量约占全国能源碳排放总量的20%，城镇化进程的推进和居民生活水平的日益提高，给建筑节能和碳排放控制相关工作提出了巨大挑战。在建筑能耗组成中，围护结构造成的冷热量损失以及环境控制系统带来的能耗超过50%，因此开发并利用新型高效的围护结构与新型的环境控制末端是实现建筑节能减排的重要途径（中国建筑节能协会能耗统计专委会，2018）。发达国家（如美国、德国、日本、英国等）均把围护结构和供暖空调照明环境控制末端的性能提升与创新作为基础研究的重点。

围护结构和环境控制末端研究的分离，使得两者较难结合，纵使复杂的新型围护结构降低了建筑供暖空调负荷，被动式的节能方式也很难完全消除建筑负荷，仍需要环境控制末端进行室内环境调节，因此研究主被动一体化的新型围护结构和环境控制末端是将两者有效结合并实现节能、节地、节材的新思路。其中的关键问题包括：主被动一体化新型围护结构和环境控制末端的设计理念及依据、围护结构和环境控制末端的耦合机理及关键技术、新型技术和材料的结合与应用等。

近年来，一些新材料和新技术的应用增加了主被动一体化新型围护结构与环境控制末端实现的可能性，其中包括辐射制冷和热电材料的应用等。基于新材料新技术的发展，主被动一体化新型围护结构和环境控制末端的研究给未来建筑构造与室内环境营造创造了空间。为此，需要开展的工作包括：分析现有新型围护结构与新型环境控制末端的理论模型、性能提升方法和关键技术实现路径；建立室外环境作用于围护结构的数值理论模型，主被动一体化新型围护结构和环境控制末端可行性优化研究；高效光谱选择性主动辐射制冷超构材料的设计理论；主被动一体化超构材料复合结构体系的构建方法；超构材料自然能源的转化与输运机制；主被动一体化超构材料对自然能源的动态响应规律。

八、交通学科国际合作研究方向

（一）轨道交通学科

完善 3 万 t 及以上重载铁路货运装备技术及标准体系，研发适应高频、超高频、超大轴重列车荷载环境的铁路路基新结构和新技术，超大轴重重载列车的快速平稳运输技术，进而形成具有全球竞争力的重载装备技术体系；研究轨道交通枢纽多模式客货转运技术与装备，以及轨距自适应跨国联运重载货运设备关键技术。

（二）水运交通学科

（1）智能船舶。研究智能船舶的总体设计、环境感知与认知、智能航行、智能机舱、智能能效、智能集成管理平台等。

（2）极地航行船舶。研究极地航行船舶总体设计、冰区航行稳定性与可靠性、极地环境环保与应急救援等。

（3）船用清洁高效动力系统。研究清洁能源混合动力系统协同设计、岸基能源船舶驱动、分布式蓄电池电力推进等。

（4）船舶新型推进器。研究无轴轮缘推进器、直翼推进器、磁流体推进器和仿生推进器的设计与制造等。

（5）智能港口装备。研究智能港口装卸设备设计、智能物境感知、能量回收与利用、自动化码头智能运输装备设计等。

（6）水上交通智能化管理。研究水上交通要素的智能感知和获取、水上多目标优化调度、突发事件的应急处置策略等。

（7）通航河流生态建设与健康维系。研究水流结构生态效应基础理论、内河生态航道建设技术等。

（8）巨型船闸及升船机建设与安全运行保障。研究高坝水力驱动式升船机、巨型船闸闸室高效消能、启闭机设计及运行控制、过闸船舶安全监管等。

（三）管道运输学科

1. 油气管道智能化理论与先进技术

油气管道智能化的主要目标是实现油气管道的可视化、网络化、智能化管理，最终形成具有全面感知、自动预判、智能优化、自我调整能力且安全高效运行的智慧油气管网。目前信息化、智能化技术广泛运用于油气管道及管网的建设中，这也是中国油气行业改革和推进国际合作研究的重要内容。在该领域，加强与国际先进机构的合作，完成智能化管道设计、生产安全与运行优化、设备故障诊断和智能化维护以及智能化管道事故救援体系等研究。

2. 新型、特种管道研发理论与先进技术

新型、特种管道输运系统主要应用于液化天然气、氢气、二氧化碳和混凝土等介质的输运，涉及新材料研发、管道加工制造、管网设计、服役过程中的管线振动及泄漏监测和完整性管理等多方面内容。为了适应未来的研发需求，需要与国际机构在理论研究、数值模拟、综合实验以及人工智能、深度学习等领域开展合作，对特殊管线的焊缝劣化、管道极限承载、损伤演化和修复、特殊介质输运过程中的流动保障、管线和管网的多目标优化等开展深入研究，掌握新型、特种管道运输系统设计关键技术，保障其安全、高效运行。

第四节　制约国家创新发展的重大瓶颈科技问题

一、城市规划与建筑设计原创理论方法和技术工具

（一）彰显中国历史文化和山水人居环境的城市空间特色规划方法

城市空间特色融合了自然环境、历史和现代文化、社会经济、

空间景观等多种要素，积极培育和塑造城市空间特色也是完善城市功能、提升人民生活品质、延续城市文脉与提高城市综合魅力的重要途径。未来我国城镇化建设活动也逐步由数量向质量转型，传统历史文化的传承和山水人居环境的提升成为城市发展建设的重点，越来越关注自身的特色优势及可识别度，对城市空间特色的追求也日益受到关注。在城市规划与城市设计中更加注重城市空间品质，技术方法应针对实际感知层面的城市空间形态等外显特色，以及城市空间品质中内涵的特色等目标，探寻科学合理的、可具体操作的，同时又具有普适意义的研究切入途径和技术方法，以应对“望山见水忆乡愁”的时代诉求。

（二）建立本土化的建筑和城市设计理论及方法体系

当代中国建筑类学科的理论基础和方法体系大量源自西方。在过去20多年的大规模城市建设中，伴随巨大成就的还有盲目求新求奇、铺张浪费、崇洋媚外等弊病。因此，建筑类学科一方面需要顺应国际发展潮流，吸收先进的理论、方法和技术；另一方面更需要立足中国独有的地域和文化特色，建立起属于自己的建筑和城市设计理论及方法体系，与西方平等对话。与此同时，我国的建筑师要奋发图强，在优化创作环境的基础上，不断创作大量高水平的建筑与城市设计作品，为中国城镇化贡献成功的典型范例。在设计与建造新的建筑和城市的同时，还必须加强对城市与建筑遗产的保护，消除或缓解快速城镇化进程中普遍存在的建设性破坏。城市与建筑遗产的保护和适应性再利用不仅能有效改善人居环境，而且能将其中承载的历史文化有效传承下去。

（三）探索具有中国特色的人居环境科学理论

中国是一个具有悠久传统的文明古国，中国文化是世界上从未间断且延续至今的文化，在人类文明史上占有十分重要的地位。伴随着文明的演进，留下诸多优秀人居遗产。中国人居史既是中国人居的变迁史，也是中国文明历程的发展史。中国人居史研究应用人居科学理论，审视中国人居发展过程中的历史事实和当代中国人居的发展特点与主要矛盾，挖掘人居主要特征及其演进规律，为当代人居建设提供历史智慧，为未来中国人居乃至全球人居的发展模式提供中国经验。

二、土木工程原创理论、方法、软件与规范标准体系

构建引领先进科技潮流的土木结构工程规范标准体系。我国虽然在大规模基础设施建设实践中解决了诸多土木工程技术难题，但解决这些难题的基础大多是发达国家最早建立的土木工程理论、方法与软件。例如，一方面，目前在结构工程抗震分析和设计中最常用的结构动力学、地震反应谱等理论方法都由欧美学者原创，基于仿真的工程科学已成为未来各国工程科技抢夺的全新制高点（Oden，et al.，2006），我国土木结构工程的分析和计算对国外计算机辅助工程软件的依赖程度很高；另一方面，规范标准作为土木工程建设的重要技术依据和准则，对引领技术方向、保障工程质量安全、推广应用先进技术、提升核心技术竞争力具有不可替代的重要意义。党的十九大报告要求坚持打开国门搞建设，积极促进“一带一路”国际合作，努力实现政策沟通、设施联通、贸易畅通、资金融通、民心相通，打造国际合作新平台，增添共同发展新动力。加大对发展中国家特别是最不发达国家的援助力度（习近平，2017）。但我国土木工程建设标准体系在顶层设计和编撰机制方面存在诸多不足，严重制约了标准的先进性及其引领作

用的发挥，进而制约了“一带一路”的发展。因此，只有突破原创性土木结构工程的理论、方法与软件，构建引领先进科技潮流的土木结构工程规范标准体系，才能逐步使我国迈向土木工程强国之列。

三、水资源科技原创关键理论、技术与设备

2021年度的《中国水资源公报》显示（中华人民共和国水利部，2022），我国多年平均降水量为644 mm，多年平均水资源总量为2.76万亿m^3，人均水资源量远未达世界平均水平。受季风气候影响，我国水资源的时空分布很不均匀，年内降水主要集中在汛期且年际波动较大。在空间分布上，我国水资源南多北少，与耕地、矿藏和能源分布不相匹配。与此同时，全球气候变化引起的极端事件发生频率增加，致使我国水资源安全保障难度进一步加大。此外，我国特大城市（群）人口规模聚集和农村人口分散居住，也给区域生活和生产供水保障带来巨大挑战。

相对于国家水资源安全保障现实需求和国际水资源科技领域发展现状，我国水资源的瓶颈科技问题包括以下方面。

瓶颈科技问题一：变化环境下的水文循环和流域水资源问题变得更加复杂，水资源高效开发利用的基础认知与方法体系尚不完善，包括自然-人工综合影响下的流域水循环演变机理与伴生效应、区域水资源高效利用理论与模式、国家和流域水资源宏观调配格局、江河水资源科学调控理论与方法、非常规水源开发利用方向与方法等，均需要深入研究和完善。

瓶颈科技问题二：我国水资源节约与开发的许多关键技术和设备主要依赖进口，存在成本高、壁垒障碍等问题。我国水利领

域的主要仪器设备和应用软件高度依赖国外进口与引进，通用性软件和商业化软件多为国外机构研发，科技自主供给需求极为迫切，如农业大型高效节水精准灌溉设备、高耗水工业行业节水减排技术、海水淡化与综合利用技术、再生水回用及风险控制技术、水利工程自动化控制设备等。这是目前制约我国水利学科发展的瓶颈，也是推进“智慧水利”的重大障碍。

四、自主创新污水处理及安全回用技术

我国污水处理及安全回用技术缺乏自主创新，城市水资源再生利用率低，城市水系统建设理念落后，自动化控制进度迟缓，必须构建面向节能、低碳与资源回收的新型污水处理模式，开发针对不同回用途径的再生水制备技术，实现污水中可用资源的最大化回收与高效利用。

随着国民经济的迅速发展和城市化进程的加快，许多城市已经陷入用水紧张的困境，城市污水量大、集中、水质较为稳定，把经过处理的污水回用于工业、市政、农业等领域，实现城市污水资源化，可以减少新水开发总量，是弥补水资源不足的有效手段，同时可减少污染物排放总量，实现水资源在自然系统与社会系统之间的良性循环。资料显示，我国的污水再生利用率只有10%左右，而发达国家的水平已达70%，我国再生水资源的开发利用潜力非常巨大（刘洪彪和武伟亚，2013；杨益，2010）。再生水的合理回用既可以减少水环境污染，又可以缓解水资源紧缺的困境，是贯彻可持续发展理念的重要措施。需要改变传统污水处理观念，实现水质、节能、低碳和资源回收。基本思路是：在满足水质目标的前提下，减少污水处理过程中所需的能耗和物耗，减少温室

气体排放等环境足迹，并借助回收技术对污水及活性污泥中的有机物和营养物质进行多途径的回收利用，同步实现污水处理的节能、低碳与资源回收等多项目标（郝晓地等，2014）。污水回收和资源再生利用具有可观的社会效益、环境效益和经济效益，已经成为世界各国解决水问题的必选方式。

五、交通学科重大瓶颈科技问题

（一）轨道交通学科

突破铁路移动装备关键核心部件轻量化材料与结构的设计理论与技术，形成与之匹配的制备过程与结构优化设计理论。研究交通载运装备轻量化部件成形及其质量控制技术，形成环境友好、高性能、宽温域、智能化、精细化、多功能化的交通载运装备材料与结构设计理论体系。突破铁路移动装备核心部件在复杂服役环境下性能演变的模拟分析系统与试验测试技术，形成产业化生产研发机制。

建成高速铁路健康监控系列传感器设计和批量制造平台，突破传感器敏感芯片设计制备及可靠性技术、车辆监测用传感器信息与能量管理关键技术、智能传感器集成设计与批量制造技术，实现满足高速铁路列车运行的传感器集成设计及批量制造技术。

（二）车辆工程学科

1. 车–路一体化融合系统关键技术

现有单车智能技术路线存在车载感知范围有限、可靠性不足、车间行为存在博弈与冲突、单车依靠局部信息进行的规划与控制难以实现全局优化等问题。传统车-路协同难以实现面向路网大范围网联应用中的群体协同决策，不能满足智能网联汽车组成的交通系统在发展过程中的实际要求。这些制约因素已经越发难以支撑高等级自动驾驶技术的发展，是单车自动驾驶和传统车-路协同急需解决的共性基础难题。

具备超视距信息融合感知、车辆行驶策略广域规划控制的车-路一体化融合系统方案可有效解决上述难题，通过车-路-云协同和信息共享方式，能够实现智能汽车的广域交通信息共享和最优行驶策略规划与控制。目前车-路-云一体化融合的核心理论和关键方法尚未有效突破。

2. 新一代车用能源系统关键技术

未来车辆动力传动与能源系统的发展，将进一步瞄准电动化、低碳化、清洁化方向，研究高效能转化、低污染排放的新能源汽车技术，利用人工智能、大数据挖掘、信息通信、智能网联等多学科交叉融合，以及材料学、热力学、电磁学等学科的发展，从清洁能源系统和高效动力传动系统等多方面探索新能源汽车的核心技术。急需突破清洁内燃设计理论、电化学动力设计理论及控制、混合动力机电耦合特性、纯电驱动系统集成、能源供给系统等诸多基础科学问题，推动未来汽车理论和技术的发展。

在内燃动力方面，氢气和氨气在内燃机环境下会产生大量 NO_x，如何揭示其内在燃烧特性、解决氢-氨发动机的排放问题是推动其产业化应用的难点。

在氢能与燃料电池方面，如何突破大功率长寿命燃料电池的高可靠设计理论，并研制高效长寿命电堆是推动其在泛交通领域应用的难点。

在动力电池方面，其应用过程中存在电池系统安全性损伤机理不明确、高频失效行为复现评估技术缺失以及测试手段与实车案例不匹配等挑战，急需构建动力电池智能安全管控体系。

在混合动力传动系统方面，如何有效解析混合动力传动系统机电耦合特性是急需解决的关键理论难题。此外，如何充分利用网联信息实现混合动力传动系统能量全局优化成为当前的研究热点。

在纯电驱动系统方面，高效、高功率密度电驱动系统是车辆电动化的基础，但电驱动系统高功率性能与布置空间、系统质量、系统效率等指标相互制约，急需从新材料、新构型、新工艺等方面拓展高功率密度电驱动系统设计理论。

在车辆能源互动方面，目前仍存在充电设施服务能力与充电需求供需矛盾突出、基础设施安全性差等问题，急需解决充电设施优化布局与电动汽车运行互动等基础科学问题。

（三）水运交通学科

研究内河绿色智能航运系统的基础科学问题；船舶可靠性智能监测正反问题与健康管理技术；商船应急改造与安防理论；水陆两栖车融合设计与协同控制；内河航运中人-船-环境耦合要素控制与优化；大型散货卸船装备高效输送机理及其轻量化；绿色船舶多异性动力能源融合设计与协同控制；大数据驱动的内河航运网络分析理论与智能服务；端-边-云协同的船舶动力控制系统稳定性理论与智能监控技术；内河航道长期性能演变及协同调控；内河航运风险预警与应急装备调配方法；船舶机械的摩擦学问题与能效控制耦合作用及机理；大型水利枢纽复杂水路交通高效运行的基础问题；基于自主编队航行的多船协同运输基础理论；跨

时空多尺度水路交通运输空间规划理论与技术；港口交通系统的智能控制理论；船载机器人的基础研究；复杂海洋系统的动态环境建模与海洋机器人安全自主航行机制。

（四）航天运载学科

（1）航天器动力学与控制自主软件设计开发。加快我国航天事业的发展，突破西方国家对中国的技术封锁，需要发挥机制体制优势，补齐关键核心技术受制于人的短板，实现核心软件的自主可控，为我国航天事业从“跟跑”、“并跑”、部分“领跑”向全面“领跑”的未来发展道路扫清障碍。

（2）新一代跨域飞行器结构多场耦合机理及多学科一体化设计方法。如何处理力、热、电、结构之间的耦合关系，建立飞行器力、热、电多学科耦合分析方法，攻克面向多功能需求的飞行器结构一体化设计与优化难题是当前急需解决的共性关键问题。

（3）地外空间出舱活动中的生命保障及工效学问题。急需探究适应严苛出舱环境和满足各类作业任务要求的舱外环境防护及生命保障技术，提升人服系统舱外作业效能，保障航天员安全、健康及高效执行出舱任务。

（五）管道运输学科

在纯氢输送管道理论与技术方面，由于氢的自身属性，在管道中会引起氢脆、渗透等管材方面的风险，我国相关研究未考虑 H_2S、CO、CO_2 等组分对掺氢的协同影响，缺少管材在掺氢条件下的力学性能基础数据库，尚未明确掺氢比、运行压力对管材氢损伤的定量关系，导致管道掺氢在标准法规方面缺少重要支撑。另外，建设纯氢输送管道的前期资金投入巨大，需要考虑多重因素，如成本、终端需求、管道周边的安全性等。虽然目前欧盟已建有一定规模的氢气管道，但是大多数氢气运输项目尚不成熟，大部分仍处于试点阶段。这些试点项目大多仍是由政策制定方提出的，仅仅用作激励更多企业创新，其理论、技术、规范均需要进一步完善。

第五章

资助机制与政策建议

第一节　自然科学基金资助政策建议

为加快我国工程学科前沿和重点发展领域的突破，有效解决当前我国工程基础设施建设领域存在的一系列“卡脖子”技术和瓶颈问题，加速实现工程学科“可持续、高品质、绿色化、智能化”的发展目标，保障国家重大战略的顺利实施，同时加强工程学科的自主创新能力和学科交叉融合，对自然科学基金资助提出如下政策和举措建议。

一、鼓励原始创新，突出平台建设和团队建设

（一）鼓励探索

进一步完善探索性项目申请与评审通道，重视原创性想法，支持颠覆性研究，简化申请流程，可先给予小额经费支持，在一

定时间内评估其探索效果，再决定是否给予后续重点资助。

（二）突出原创

跟踪国际热点很重要，但创造热点更重要，创造热点有可能成为引领者。建议加强对可能成为行业与学科引领者的关注和支持，在确定科技项目立项指南时注重前瞻性、开放性、包容性、延续性和可持续性，鼓励独立思考，百家争鸣，不可急功近利，尽可能营造“十年磨一剑”的科研氛围，建立鼓励“十年磨一剑”的长效机制。

（三）共性导向

建议针对重大前沿问题和国家重大战略需求，围绕关键领域和“卡脖子”技术等，从原来以自由申报为主逐渐转变为自由申报和国家战略需求相结合，引导鼓励解决重大科学问题和重大工程需求，加强平台建设和团队建设，实现关键问题和“卡脖子”技术的突破。

（四）交叉融通

建议革新资助方式，进一步完善针对学科交叉项目设立的多学科结合的项目申请与评审机制。鼓励高校、科研机构与大中型企业合作，在关键领域、“卡脖子”技术等方面，提炼科学问题，加强应用基础研究，培育一批核心技术攻关和集成创新能力突出的校企联合创新团队。

二、完善项目管理制度、创新成果和人才评价机制

（一）项目管理

建议创新“出大成果、出系统成果、出专家”的管理机制，进一步完善同行评议和考评机制，充分发挥专家作用，弱化行政

干预，简化项目申请程序，适当延长考评（评估）周期，简化考评环节，确保科技工作者的科研时间。

一项关键技术要真正实现突破并产业化，可能五年、十年时间都不够，而重大成果要真正成熟绝非一蹴而就，离不开长期的积累。目前一个科技项目的周期最长为5年，结题后如果不继续资助，很可能就会中途“夭折”，从而与重大成果失之交臂。因此，对于某些具有重要战略意义与广阔前景的科学技术攻关项目，一定要注意立项的可持续性，可以考虑跨若干个“五年计划”。

鼓励基金研究成果数据和代码开源共享，保证学科研究的长期持续发展。建议每隔5～10年，针对不同研究领域，组织相关专家学者进行系统梳理和总结，形成阶段性学术结论。这些学术结论不仅可以对后续基金资助项目的遴选提供明确的方向性指导，从而避免低效和重复性研究，而且可以为国家相关主管部门行业发展规划的制定提供科学支撑，同时也会发挥一定的国际学术引领作用。

统筹设置联合基金项目，切实推动国家基础科技创新与行业应用实践之间的紧密合作，均衡布局重大重点项目。

建立国际项目征集机制，与发达国家和地区相关科技机构联合，打通国际合作项目联合征集渠道，建立健全国际合作项目联合征集与发布机制，为多国联合开展项目申报、科技攻关与应用示范工作提供保障条件。

探索科研成果转化机制，先行试点示范类项目，鼓励开展更广泛的应用示范试点，加快技术创新及关键技术瓶颈的突破，从而快速落地，促进“上货架”的应用导向指引。

依托高等院校、科研院所、技术机构和规模以上企业、高新技术企业等建设专业化成果转化平台，引导行业企业与高校、科研院所联合共建研发平台，使科研创新优势转化为高质量发展的原动力。在科研机构与企业之间搭建起沟通交流的桥梁，从而有效地提高科技成果的转化率，此举有助于解决科技成果信息与市场需求不对称的问题。为科研机构提供市场信息，使科研人员便捷、及时地了解市场变化与发展趋势，进一步明确科学技术研究的方向，以市场需求为导向帮助选择和设计科研项目，提升科研效率，从而形成具有社会价值与经济价值、符合实际需求的科技成果。积极引导行业依托产学研合作引进转化技术成果，推动对重大重点项目、科技创新专项等的学习和实施，促使科研一线的新鲜血液与新思想推进市场发展，提升实体经济市场竞争力，增强创新驱动与转型升级动力。

（二）科技成果及工程科技人才评价

建议充分考虑工程学科的特点，避免照搬欧美体系，坚决克服唯论文、唯帽子、唯职称、唯学历、唯奖项“五唯”痼疾，正确评价成果、人才乃至学科水平。鼓励出综合成果，出系统成果，出大成果，解决大问题。进一步完善项目验收考评办法，不能简单根据指标来评判，更要注重技术实质和成果内涵。处理好国际学术声誉与服务我国重大工程基础设施建设之间的关系，实事求是，既不崇洋媚外，也不妄自菲薄，自信而不自负。

第二节　工程科学行业发展政策建议

一、优化工程项目的决策机制

工程项目一般具有投资规模大、建设周期长、社会效益显著的特点，尤其是重大工程项目往往也是社会民众关注的焦点。目前，政府投资项目的立项决策由发展和改革委员会部门组织并审批，可行性研究和决策过程中基本没有规划与建筑设计方面的专家参与，难以实现对下一步建设工程的准确预测。

在建筑设计方面，目前"一刀切"的招投标模式也放弃了委托设计中建筑师对项目的全过程管理优势。建议在建设项目立项过程中，项目选址、规模等由城市规划相关部门论证，在项目前期论证和决策过程中增加规划和建筑专业专家的参与。

二、鼓励工程项目的整体承包模式，提倡注册建筑师进行工程项目的全过程管理

在建设工程中，国内目前普遍采用的是设计、施工分别承包的业务承包模式，过于细化的业务承包模式造成工程各阶段割裂严重，各自为政，影响项目的实施。

为此提出如下建议：①鼓励设计单位和施工单位在业务承接模式上向工程全过程技术管理的工程总承包模式过渡；②鼓励建筑设计单位采取设计总承包的模式，由建筑设计单位综合协调控制规划、景观、装修、亮化设计等建设工程项目设计的各个环节，确保建设项目设计的完整性和统一性，进一步鼓励设计单位进行设计监理总承包，鼓励有条件的设计单位承接代建工作，完成从设计到施工的整体控制；③改变注册建筑师目前单一的设计负责人的身份定位，发挥注册建筑师在工程建设项目中的主导作用，承担工程项目全过程的技术管理任务（聂建国，2016）。

三、加强城市设计，注重城市规划的公开性和强制性

随着我国城市建设的快速发展，城市设计作为展现城市整体或局部区段空间特质最形象化的控制手段，受到各方的关注。但目前城市设计由于没有法定的规范依据，在城市建设中缺乏明确的技术约束和法规保障。

城市规划对城市发展具有指导性作用，是提升城市环境质量、城市竞争力，以及提高新型城镇化水平的重要技术保障。目前的规划设计中普遍存在以下问题：规划文件编制研究中缺乏对当地实际情况和文化特色的深入了解，缺乏相关建设单位、市民团体等的参与，造成规划设计与实际脱节。同时，规划设计的严肃性和延续性较弱。

为此提出如下建议：①确立城市设计的作用，规范城市设计文件的编制方法，注重城市设计成果的完整性和可操作性，明确城市设计导则的具体编制内容和成果标准；②建议结合相关建设单位、管理部门、市民团体等的意见进行城市规划文件编制，增强规划的科学性和可操作性，规划经过批准后应严格执行，提高城市发展的持续性。

四、建立健全重大土木工程方案阶段的论证决策机制

重大土木工程建设往往瞄准社会政治、经济和文化活动的重大需求，集中耗费大量社会资源，建成后对社会的长期发展影响深远，是全社会人民共同拥有的宝贵财富，未来还将成为重要的历史文化遗产，应当从“百年大计”“千秋大业”的高度进行论证和实施。然而，近年来以一些标志性建筑为代表的重大土木工程

建设，过分注重视觉冲击，盲目追求建筑方案的标新立异，导致结构体系不合理、资源耗费高、能源消耗大、使用功能差、抗灾能力先天不足、安全隐患高等一系列后果，严重影响了国家可持续发展战略的实施，必须引起高度重视。

为此提出以下建议：尽快建立健全科学完善的重大土建工程方案阶段的评审决策机制，使不合理的建筑方案被否决在评审决策阶段。超过一定投资规模的重大土木工程建设项目必须在方案阶段启动严格的论证决策机制，组织包括规划、建筑、结构、施工、环境等一系列相关专业的专家进行论证，其最终决策应遵循重大行政决策的法定程序（聂建国，2016）。

五、改革现有土木工程建设标准的编撰组织模式

标准是土木工程建设的重要技术依据和准则，对引领技术方向、保障工程质量安全、推广应用先进技术、提升核心技术竞争力具有不可替代的重要意义。然而，目前土木工程建设标准由于编撰组织模式存在不足，制约了标准的先进性及其引领作用的发挥，表现在以下几个方面：①标准的修订周期过长，无法反映最新科技成果，严重滞后于工程实践的需求，成为阻碍土木工程科技创新的枷锁；②标准编撰部门垄断和分割严重，目前我国土木工程标准的编撰和修订组织工作长期由某些固定部门或单位主持，相互之间缺乏协调和沟通，由此导致先进技术难以被充分吸收，不同规范之间内容相互交叉重叠甚至存在一些矛盾；③对标准关键条文缺乏长期深入的基础研究和广泛充分的调研，编撰时缺乏严谨的科学论证。为此建议：加强土木工程建设标准体系的顶层设计，改革现有标准编撰机制（聂建国，2016）。

标准的编撰工作应向全社会各部门或单位开放，标准编撰工作专家组应是一个常态化设置的专门组，成员从全国遴选，建立公开透明的标准编撰工作专家组的遴选组建机制。

在国家科技计划（如国家自然科学基金）中设立直接服务标准编撰工作的专项科研经费，缩短标准修订周期，使标准能够持续反映最新的科研成果和工程实践经验。

六、加强绿色城镇化的制度框架与规划战略研究

在绿色城镇化制度框架设计上，一方面，要发挥市场机制在资源配置中的决定性作用，通过统一确权登记建立归属清晰、权责明确、监管有效的自然资源产权制度，通过创新权能突破要素自由流动的体制障碍，探索建立公平公开、充分竞争的交易市场（如碳排放交易市场、水权交易市场等），促进自然资源在充分体现供求关系的基础上形成合理价格，从而推动其按照市场经济规律实现优化配置；另一方面，发挥有为政府的作用，推进绿色城镇化相关法律法规、标准规范、指标体系的制定，严格划定生态保护红线等各类管控边界，探索建立“生态共保、环境共治”的跨区协同机制，探索建立绿色导向的政绩考核制度。

七、加强智慧城市建设国家层面的顶层设计，突出地方政府引导和以市场为主

建议各城市从城市发展的战略全局出发研究制定智慧城市建设方案。方案要突出为人服务，深化重点领域智慧化应用，提供更加便捷、高效、低成本的社会服务；要明确推进信息资源共享和社会化开发利用、强化信息安全、保障信息准确可靠以及同步

加强信用环境建设、完善法规标准等；要加强与国民经济和社会发展总体规划、主体功能区规划、相关行业发展规划、区域规划、城乡规划以及有关专项规划的衔接，统筹城乡发展布局（彭继东，2012）。

八、加强政府、企业、个人之间的城市大数据共享机制，形成制度保障

建设智慧城市，要大力推动政府数据资源共享（国务院，2015a）。建议制定政府数据资源共享管理办法，整合政府部门公共数据资源，促进互联互通，提高共享能力，提升政府数据的一致性和准确性。尽早明确各部门数据共享的范围边界和使用方式，为大数据共享机制形成制度保障。充分利用统一的国家电子政务网络，构建跨部门的政府数据统一共享交换平台。同时建议形成国家政府数据统一开放平台。建立政府部门和事业单位等公共机构数据资源清单，制定实施政府数据开放共享标准，制定数据开放计划。

九、加强智慧城市建设技术标准规范制定，增强我国在全球领域的影响力

现阶段智慧城市建设缺乏相关技术标准。建议在国家有关主管部门的统筹指导下，通过标准化组织、地方信息化主管部门、行业协会和企业密切协作，积极研究智慧城市建设的共性需求，加强对现有相关信息、通信技术和应用领域标准化力量的协调，加快制定完善我国智慧城市建设所急需的基础、数据和服务支撑、建设运行、安全、应用类标准及标准综合应用指南。例如，智慧

城市评价指标、信息汇聚和存储、数据智能挖掘分析、业务协同处理、项目建设评估、统一服务访问等通用标准和智慧交通技术参考模型、智慧政务标准应用指南等领域特定标准，积极固化城市建设和创新经验，以尽快形成满足我国智慧城市建设需求的标准体系，同时使我国智慧城市建设技术标准处于国际领先水平。

十、切实强化流域/区域水生态空间保护

在水生态文明建设中要切实强化水生态空间保护，建立水生态系统整体恢复的空间基础，具体包括四个层次：一是强化水源涵养区、重点水源区、重点水土流失区等陆域水生态空间保护和管理，科学确定保护区的级别，对不同级别区域的人类活动进行科学管控；二是加强湿地管理，通过公布名录、明确边界、设立界标、建设湿地公园和湿地保护小区等方式，使自然湿地依法得到保护；三是大力推进河湖蓝线和缓冲区划定，并建立相应的管理制度，各试点区要根据河湖等级和生态功能定位，制定不同级别河湖的蓝线范围，蓝线区域内严禁各类违法建设和侵占；四是切实加强河湖水体及基底系统保护与管理，由于砂石开采是河湖生态系统的物质载体，因此要进一步加大对河湖采砂行为的规范和范例，加大对偷采的整治力度。

十一、加强生态环境友好型水工程建设及生态调度

建议在水利工程建设中进一步注重生态环境的友好性，并开展水利工程生态化调度的示范和推广。生态环境友好型水工程建设包括河湖形态的自然化，避免人为的裁弯取直；生态护坡的建设，规避垂直硬砌护岸；大坝鱼道的建设，加强水生生物保护；

环境友好型筑坝材料和工艺的研发应用等。水利工程的生态调度目前多停留在研究层面，需要在进一步开展水生生物监测与机理研究的基础上，加强具体河流和具体工程的生态调度示范，满足不同时期的河流生态流量需求，尽可能减少水利工程对水生生物栖息地和栖息条件的影响，在技术方法成熟后逐步加大推广应用规模，并建立相应的保障制度。

十二、大力开展陆域特别是农村面源污染控制和节水减排

建议在水生态文明建设中进一步强化和凸显陆域节水减排的重要性，特别是要做好农村面源污染防治和节水减排工作。水污染问题是当前水生态文明建设中最突出、最迫切的问题，水污染表象体现在河湖水体，但其根源在于陆域排污和坡面汇入。在城市点源污染逐步得到控制的情况下，农村面源污染逐步成为陆域减排的重点，也是当前工作的难点。对于缺水地区，要强化“三条红线”（确立水资源开发利用控制红线、确立用水效率控制红线、确立水功能区限制纳污红线）的刚性约束，大力提高用水效率，严格控制取用水总量和污染物排放总量；对于丰水地区，要建立“节水就是减污、节水就是洁水”的理念，健全市场机制，采取综合措施，降低废污水排放量与污染物入河量。

十三、加快国家水资源管理信息系统建设与信息统计规范化管理

精细化、定量化是最严格的水资源管理制度的基本特征之一，基础是自然-社会二元水循环信息的采集与应用。进一步推进国家

水资源管理信息系统的建设，提高取用水量测覆盖率和精度，丰富和优化水环境与水生态监测项目与频次，强化行政区断面水量水质交接的监测，加强对地下水水位与水质的监测，注重项目的长期建设，以及运行与维护工作。此外，还要根据最严格的水资源管理制度的要求，切实加强水资源信息的统计与上报的规范化管理，建立各级的信息责任制，为最严格的水资源管理目标考核奠定信息基础。

十四、加快水安全立法，完善水质标准

依法治水是依法治国的重要内容，是社会主义法治建设的需要。但是，我国目前还没有专门的水安全保障法律法规，现有的法律保障制度严重滞后于水资源发展现状，使得我国的水安全不能得到法律的有效保障。因此，我们要借鉴发达国家健全的水安全法律体制，建构符合我国国情的、具有实践性和可操作性的水资源安全法律保障体系的框架模型，完善并加强现有水资源法律制度体系，并与现有的法律制度衔接和融合。同时，建立健全水污染责任人的终身追责机制。基于城市人口数量、城市规模、城市产业结构，建立城市水环境容量标准评价及校核模式，落实既有水质安全标准，从终端杜绝水资源的污染。首先，要调整全国统一排放标准的执行模式，鼓励各行政区域、各流域依据各地水环境容量、人口数量、产业结构等实际情况进行有针对性的评估，并由权威机构制定本区域的污废水排放等相关标准。其次，要从落实的本质出发，建立有效的执行模式，在满足环境容量的前提下，可参考碳排放交易模式，开展污染物排放交易模式的探索，鼓励不同企业之间开展水处理合作，根据自身的技术水平和财力

情况将水处理到符合排放标准。

十五、推广公私合作模式参与城市水系统的改造、建设与管理

我国在城市水安全保障上长期实行政府主导的模式，在水安全技术上缺乏自主创新和自有知识产权，私有企业难以融入其中发挥作用，科学研究与实际应用脱节。为了打破这种僵局，需要在水安全领域大力推广公私合作模式，鼓励民营资本与政府、高校和科研单位进行合作，将市场机制引入水安全基础设施的建设中。为此提出以下建议：①充分发挥高校和科研机构的发明创造能力优势，以国家需求为目标，鼓励新型高效的城市水安全保障技术研发、成果转化和推广应用，调整科研评价模式，鼓励以实际需求为导向的实用型技术研发，保证应用方面的科研投入；②市场导向，引入竞争机制，推进城市供水、污水处理及再生利用技术的市场化，打破现有供水体制下较为低效、低质的供水模式，在严格监督供水企业生产、保证供水水质的前提下，引入民营资本，鼓励民营企业发展，实施股权构成多元化，保证城市供水健康有序发展。

十六、建立基于大数据的城市水环境管理信息共享系统

建立城市水资源、水环境管理信息系统和预警系统。改变各地普遍存在的水资源、水环境信息公开不全的现状，保证信息实时公开，建立城市水资源、水环境管理信息系统和预警系统；全面统筹，建立跨流域调水生态风险评价机制。为防范因跨流域调

水造成的水源地水生态破坏、水环境污染问题，确保社会和谐稳定发展，需要建立更加合理的跨流域调水决策及评价机制，在优先保证调水水源地自然环境和水文水质、确保当地居民及城市发展用水的前提下，将一部分水资源调往其他大城市。同时，建立更加合理的跨流域调水风险评价机制，根据调水水源地年际降雨量、气候变化、自然环境变化等因素合理调节调水水量。

十七、加速推进基于未来泛在网络的智能传感技术研发应用

智能传感技术在交通工程结构全生命周期安全运行监测方面发挥着重要作用，构建结构安全监测系统首先需要建立一个可靠并具有长期稳定性的泛在网络系统，其次需要大力发展智能传感技术及设备的研发应用。为突破未来网络基础理论和支撑新一代互联网试验，未来应着重加强泛在网络基础设施建设，主要包括：原创性网络设备系统，资源监控管理系统，涵盖云计算服务、物联网应用、空间信息网络仿真、网络信息安全、高性能集成电路验证以及量子通信网络等开放式网络试验系统。

智能传感设备面向复杂的服役环境，实现泛在网络感知条件下对交通工程结构响应的精准性、可靠性、耐久性的表达。智能传感设备技术是在现代传感技术、网络技术、自动化技术、拟人化智能技术等先进技术的基础上，通过智能化的感知、人机交互、决策和执行技术，实现安全监测手段的信息化和评估体系的智能化，是信息技术和智能技术与装备制造过程技术的深度融合及集成。

建议从国家层面综合多个相关领域，努力推进智能传感技术和

智能设备在交通工程结构全生命周期安全运行领域的升级和应用。

十八、构建完全自主的综合交通系统信息模型

通过构建完全自主的综合交通系统信息模型（transportation information modeling，TIM）来提升交通基础设施建设前的科学决策能力和交通基础设施建成后的现代管理能力。TIM 应覆盖城市交通、城际交通、城市群交通、跨区域综合运输系统的模型构建，包括基础数据库、分析模型库、软件模块库和策略预案库四大部分，是一个资源 / 知识共享平台。TIM 的核心集成了包括综合交通系统“多网合一”的网络拓扑结构、各种出行方式与运输方式的相互作用机理、出行效率与运输效率评估、能源消耗与碳排放评估等核心模型，用统一的数据、统一的方法、统一的软件、共享的平台来支撑综合交通体系的决策分析和系统管理，可实现公路、铁路、水运、航空、管道与城市交通等综合交通网络分析的全方式一体化；实现规划建设、运输组织、运行管理、安全保障等综合交通发展的全过程一体化；实现综合运输、生态环境、国土资源、能源供给、公安交管等跨部门一体化；实现综合交通基础设施体系规划、建设与管理的跨城、跨省、跨区域的空间一体化。构建完全自主的综合交通系统信息模型，不仅可以支撑我国综合交通体系的一体化融合、高质量发展，还可以支撑我国从交通大国向交通强国的跨越式发展。

十九、加强建筑与基础设施的全生命周期智能化研究和管理

改革开放四十余年来，我国城市建设高速发展，建筑与基础

设施保有量不断攀升，目前已进入新建与维护并重的阶段，并且将逐渐过渡到以存量为主的发展阶段。受技术力量不足、建设周期过快、监管不到位、运营管理不足等因素影响，城市建筑与基础设施普遍存在不同程度的安全风险。随着时间的推移，基础设施性能仍将持续劣化，安全性和使用功能不足的问题将日益凸显。加快建设高效、便捷的城市建筑与基础设施智能化诊断和运维技术体系及管理平台的需求十分迫切，对于保障城市高品质、可持续发展具有重要的战略意义。

总体而言，建筑与基础设施的全生命周期智能化是指在规划设计、建造、服役运维、拆除和资源化利用全生命周期内，实现智能化基础信息感知、性态分析和识别、性能评价、预测和控制。实现建筑与基础设施性态信息可感知、真实性态可评价、未来性能可预测、性能可控制和提升是土木工程行业未来发展的需求，是适应新时代建筑与基础设施建造、运维、拆除和资源再利用全生命周期智能化理念的重大变革，也是跨越式提升土木工程行业智能化水平的必然选择。

二十、推进交通强国建设

（一）明确行业指导政策

充分发挥国家科技主管部门和各方向交通行业政府主管部门的战略引领作用。明确国家科技主管部门、各方向交通行业政府主管部门和高校、企业，以及各科研院所在行业创新发展中的职能定位和分工，消除阻碍科技创新和成果转化的体制机制壁垒，强化交通科技与产业相关企业的创新主体地位。进一步优化科技创新相关资源配置方式，促进知识产权形成和利益共享的公平化机制建设。充分发挥科技创新支撑引领作用，凝聚共识，推动行业科技创新，支撑交通运输高质量发展，凝聚合力推进交通运输学科健康快速发展，为建设交通强国提供有力支撑，有效地发挥政府部门的规范、监督、协调、指导职能，增强创新方向辨识能力和调控水平，加强顶层设计与规划布局，协调协助各行业梳理研究方向，凝练共性与特性问题，提前做好重大项目统筹与布局，准确把握新时代交通运输科技工作面临的新形势、新要求，为交通运输学科与行业的发展指引前进方向。

（二）健全良性法规政策

建立健全推进交通运输行业高质量发展的法律法规、标准规范等政策体系。明确我国交通运输各行业的战略定位，确定强国目标、发展路线、政策措施等，从科技创新、成果保护、绿色发展等方面开展各交通行业法规政策体系的设计与建设，形成完备、配套的法规政策体系，着力推进与完善相关行政法规，为各交通学科及行业发展提供有力支撑。坚持法治引领，加强不同运输方式、不同层级的法规制度立改废释，推动形成系统完备、相互衔接的综合交通法规体系。坚持法律至上，加强相关法律法规的宣传实施。坚持依法行政，完善重大行政决策制度，优化重大行政决策程序。通过进一步强化法治保障、优化执法机制、深化监管体制改革，形成科学化、制度化、法治化程度高的市场监管体制机制，不断提升市场监管的科学性和有效性。相关部门制定共性技术知识产权保护机制，加速推动创新成果转化，加快技术扩散和产业化应用，保障技术顺利跨越从基础研究到工程化到产业化的“死亡之谷”，形成持续自主研发的良性创新生态。

（三）激发市场主体活力

深化交通运输学科发展改革，加快健全以企业为主体，以“两个市场”需求为导向，政产学研用之间良性互动、深度融合的交通科技创新体系，以创新体制机制改革为契机，建立和完善公平、透明、有序、开放的市场竞争环境，保证市场的公平准入，减少行政性垄断，为各种所有制、各种规模、各种技术路线的企业提供公平获得创新资源和参与市场竞争的机会，有效发挥市场机制激励创新作用。促进交通运输学科与交通运输行业市场主体的多元化和适度竞争。培育更多充满活力的市场主体，健全支持交通运输学科和行业发展的政策制度，营造平等使用资源要素、公开公平公正参与竞争的市场环境。建立常态化交通运输政企沟通机制，健全企业诉求收集、处理、反馈制度，加强对行业企业的指导和支持力度。增强交通行业相关企业的创新活力，引导社会各方加大交通领域的科技投入，同时鼓励促进开放创新，加大“揭榜挂帅”科技项目实施力度，充分发挥专家指导作用。面向未来发展的交通技术，鼓励超前技术和多模式技术探索，服务交通运输学科发展的良好生态。

（四）加强创新平台建设

积极推动技术创新平台建设。以平台建设为牵引，强化校企联合，进一步推动交通运输学科产-学-研-用的协同发展，构建开放的产学研用协同创新平台，加强技术人才培养和产业集群建设，推进行业不同交通方式的融合，为构建综合交通运输体系提供科学指导和理论支撑；建立多主体协同创新体系，有效促进供需对接。建立各交通工程学科协同创新体系，以政策为引导，以市场为主体，促进政产学研金介用七位一体高度融合。同时，建立专门的协同创新平台，使特色高校可帮助转化方提供和培养交通运输工程人才资源，转化方为科研人员提供技术支持和配套保障，双向共赢，加快科技与产业融合发展。根据先进制造技术的未来发展趋势，重点加强对新型载运工具、特种装备、数字制造技术等领域的研究和开发，进一步增强数字化、精益化、柔性化等先进制造能力。在国家现有相关试验条件的基础上，建立开放的技术使能平台，支持产学研用协同创新，使运行模式市场化、创新优势要素更加聚集、科研成果产出更加高效，以打造链条完整、功能齐全的创新体系。协调多方资源，构建技术创新平台稳定支持机制，完善面向急需、自主命题、灵活支持政策。

（五）构建完备评估机制

构建覆盖全过程的监督和评估制度，创新评价和容错体制机制体系，以便畅通应用基础研究、应用开发、成果转化和产业化渠道，在市场、金融、税收、资源和配套支持条件等方面给予充分保障，提高整体创新能力。建立分类评审机制，促使科研人员对自己所从事的科研项目方向进行清晰定位，科学问题凝练更为清楚，促进深入思考并更加准确地提出科学问题，抓住进一步开展高质量科学研究的“牛鼻子”。建立评审专家诚信体系档案，明确评审专家的权利与义务，保证专家公正、客观、准确地判别项目。提升专家队伍建设，侧面提高对科研人员专业素养、市场分析和判断能力的要求，营造良好的科技创新发展环境条件，保障创新基金的安全运行。建立对优秀的基础研究团队的稳定支持机制，提升建制化、定向性基础研究和原始创新能力，强化交通学科及行业战略科技力量。建立完善的学科资助计划，完善交通强国国家战略需求领域的学科理论与技术体系，重视技术储备和预研，加强对重大前沿技术和颠覆性技术的预判与评估。依托平台协同创新功能，建立开放的技术创新—验证—评价系统，支持跨学科、跨领域的协同创新，及时对研究成果进行技术评价，避免低水平重复研究，加速技术成果转化和技术成熟度提升，确保国家科技投入产生效益。

（六）促进创新人才培养

实施高水平创新人才培养重点工程，培养造就一批能冲击国际国内技术前沿、突破关键核心技术、推动产业转型升级的创新领军人才、学科带头人，一批科技创新能力强、学术水平高、吸引和集聚人才的创新团队。完善交通运输行业创新人才激励机制，遵循创新规律培养和吸引人才，以培育高层次、复合型创新人才为重点，形成一支具备专业能力、富有创新精神、敢于承担风险的创新型人才队伍，实现人尽其才、才尽其用、用有所成，进一步增强我国交通运输行业的科技持续创新能力。支持高等院校、科研院所等加强科技创新与人才培养的有机结合，增强自主创新能力，为创新型国家建设提供人才支撑，建立重大项目与人才发展联动机制，通过扶持行业领军人才和骨干人才，培养具有创新视野和能力的青年人才。鼓励推动多学科领域人才交流，加快复合型专家和人才的建设规模。深化产教融合，紧密对接产业需求，鼓励企业与高等院校合作开设相关专业，开展深度校企合作模式，设置服务于产业的精品专业课程，协同培养应用型复合型人才，实现前沿技术研发和人才创新创业双模式。此外，充分利用海内外科研资源，搭建国际深度交流合作平台，创建新型联合研发体系，打破地域限制，促进人才和科技成果的流通，强化与世界的交流融合，积极参与国际标准、区域标准制定与协调，提升国家在地面智能载运领域的国际影响力。

（七）推进国际交流合作

多渠道、多层次地积极推进国际合作与交流。积极参与交通相关国际组织等，学习先进技术，借鉴工作方法；充分利用“一带一路”国际合作的战略机遇，共商共建“一带一路”；创新合作模式、应用模式与商业模式，提高科研成果应用共享效益；培养适应产业革新的创新型人才。支持探索前沿科学问题；开展广泛的全球科技合作模式；推动交通项目与应用建设，加快科技强国和交通强国的建设；创建新型联合研发体系。打破地域限制，促进人才和科技成果的流通，强化与世界的交流融合。积极参与国际标准、区域标准制定与协调；增强我国在交通领域的国际竞争力，提升我国的综合国力，支撑建设交通强国战略。

参 考 文 献

白云霞 . 2012. 中美饮用水水质标准比对研究及对我国的借鉴意义 // 全国标准化优秀论文选集 .

陈桂香 . 2011. 国外“智慧城市”建设概览 . 中国安防，(10)：100-104.

陈欢欢 . 2017. 重大工程防震减灾研究进入新纪元 . 中国科学报，2017-03-27 (6) .

高鹏，高振宇，赵赏鑫，等 . 2021. 2020 年中国油气管道建设新进展 . 国际石油经济，29 (3)：53-60.

葛耀君，项海帆 . 2010. 桥梁工程可持续发展的理念与使命 // 中国土木工程学会桥梁及结构工程分会 . 第十九届全国桥梁学术会议论文集 . 上海：人民交通出版社 .

工业和信息化部，国家发展改革委，科技部 . 2017. 汽车产业中长期发展规划 . https://www.safea.gov.cn/xxgk/xinxifenlei/fdzdgknr/fgzc/gfxwj/gfxwj2017/201705/t20170517_132856.html[2023-03-23].

顾锦龙 . 2013. 世界发达国家保障自来水水质的做法 . 防灾博览，(6)：72-73.

国家发展改革委，交通运输部，中国铁路总公司 . 2016. 中长期铁路网规划 . http://www.gov.cn/xinwen/2016-07/20/5093165/files/1ebe946db2aa47248b799a1deed88144.pdf [2022-10-01].

国家发展改革委，中央网信办，科技部，等 . 2020. 智能汽车创新发展战略 . https://www.ndrc.gov.cn/xxgk/zcfb/tz/202002/P020200224573058971435.

pdf [2022-10-01].

国家统计局 . 2022. 新型城镇化建设扎实推进 城市发展质量稳步提升——党的十八大以来经济社会发展成就系列报告之十二 . http://www.stats.gov.cn/sj/sjjd/202302/t20230202_1896688.html[2023-03-23].

国务院 . 2015a. 促进大数据发展行动纲要 . http://www.gov.cn/zhengce/zhengceku/2015-09/05/content_10137.htm[2023-03-23].

国务院 . 2015b. 国务院关于积极推进“互联网 +”行动的指导意见 . http://www.gov.cn/zhengce/content/2015-07/04/content_10002.htm[2022-10-01].

国务院 . 2017. 关于印发新一代人工智能发展规划的通知 . http://www.gov.cn/zhengce/content/2017-07/20/content_5211996.htm[2022-03-23].

国务院 . 2021. 2030 年前碳达峰行动方案 . http://www.gov.cn/zhengce/zhengceku/2021-10/26/content_5644984.htm[2023-03-23].

国务院新闻办公室 . 2016a.《2016 中国的航天》白皮书（全文）. http://www.scio.gov.cn/zfbps/32832/Document/1537007/1537007.htm[2022-10-01].

国务院新闻办公室 . 2016b.《中国交通运输发展》白皮书（全文）. http://www.scio.gov.cn/ztk/dtzt/34102/35746/35750/Document/1537404/1537404.htm[2022-10-01].

国新网 . 2021. 国新办举行加快推进应急管理体系和能力现代化发布会 . http://www.scio.gov.cn/xwfbh/xwbfbh/wqfbh/44687/47382/[2023-03-23].

郝晓地，任冰倩，曹亚莉 . 2014. 德国可持续污水处理工程典范——Steinhof厂 . 中国给水排水，30（22）：6-11.

蒋庆梅，王琴，谢萍，等 . 2019. 国内外氢气长输管道发展现状及分析 . 油气田地面工程，38（12）：6-8，64.

交通运输部 . 2021. 2020 年交通运输行业发展统计公报 . https://xxgk.mot.gov.cn/2020/jigou/zhghs/202105/t20210517_3593412.html[2022-10-01].

交通运输部科技司 . 2021. 交通运输标准化发展报告（2021 年）. https://xxgk.mot.gov.cn/2020/jigou/kjs/202107/P020210712357442699571.pdf[2023-03-23].

交通运输部科学研究院 . 2021. 中国可持续交通发展报告 . 第二届联合国全球

可持续交通大会，北京 .
科学技术部 . 2015. 国家水安全创新工程实施方案（2015—2020）. https://view.officeapps.live.com/op/view.aspx?src=https%3A%2F%2Fwww.most.gov.cn%2Ftztg%2F201512%2FW020151201502431871380.doc&wdOrigin=BROWSELINK[2023-03-23].
李国华 . 1995. 人 · 健康建筑 · 建筑材料 . 西北建筑工程学院学报，(2)：45-50.
李键，杨玉楠，吴舜泽，等 . 2009. 水环境预警系统的研究进展 . 环境保护，(6)：4-7.
联合国经济和社会事务部人口司 . 2018. 世界城镇化展望（2018年修订版）. 纽约：联合国 .
刘洪彪，武伟亚 . 2013. 城市污水资源化与水资源循环利用研究 . 现代城市研究，28（1）：117-120.
陆东福 . 2022. 坚持稳中求进 推动高质量发展 以优异成绩迎接党的二十大胜利召开——在中国国家铁路集团有限公司工作会议上的报告（摘要）. 铁路计算机应用，31（1）：1-8.
陆杰华，郭冉 . 2016. 从新国情到新国策：积极应对人口老龄化的战略思考 . 国家行政学院学报，(5)：27-34，141-142.
鹿健 . 2015. 海绵城市建设的内涵意义与途径 . 山西建筑，41（26）：15-17.
聂建国 . 2016. 我国结构工程的未来：高性能结构工程 . 土木工程学报，49（9）：1-8.
彭继东 . 2012. 国内外智慧城市建设模式研究 . 长春：吉林大学硕士学位论文 .
乔文怡，李玏，管卫华，等 . 2018. 2016—2050 年中国城镇化水平预测 . 经济地理，38（2）：51-58.
曲久辉，王凯军，王洪臣，等 . 2014. 建设面向未来的中国污水处理概念厂引领城市污水处理高质量发展 . 给水排水，40（3）：112.
王建国 . 2005. 21 世纪初中国建筑和城市设计发展战略研究 . 建筑学报，(8)：5-9.
王凯 . 2021. 中国城镇化的绿色转型与发展 . 城市规划，45（12）：9-16，66.

习近平 . 2017. 决胜全面建成小康社会 夺取新时代中国特色社会主义伟大胜利——在中国共产党第十九次全国代表大会上的报告 . 北京：人民出版社 .

习近平 . 2021. 在中国科学院第二十次院士大会、中国工程院第十五次院士大会、中国科协第十次全国代表大会上的讲话 . 北京：人民出版社 .

新华社 . 2016. 习近平李克强分别对首个“中国航天日”作出指示批示 . http://www.gov.cn/xinwen/2016-04/24/content_5067424.htm[2022-10-01].

新华社 . 2018. 中国的北极政策 . http://www.gov.cn/xinwen/2018-01/26/content_5260891.htm[2022-10-01].

新华社 . 2019. 中共中央 国务院印发《交通强国建设纲要》. http://www.gov.cn/zhengce/2019-09/19/content_5431432.htm[2022-11-07].

新华社 . 2020. 习近平在第七十五届联合国大会一般性辩论上的讲话 . http://www.gov.cn/xinwen/2020-09/22/content_5546169.htm[2022-10-01].

新华社 . 2021a. 中华人民共和国国民经济和社会发展第十四个五年规划和 2035 年远景目标纲要 . http://www.gov.cn/xinwen/2021-03/13/content_5592681.htm?dt_dapp=1[2022-10-01].

新华社 . 2021b. 中共中央 国务院关于完整准确全面贯彻新发展理念做好碳达峰碳中和工作的意见 . http://www.gov.cn/zhengce/2021-10/24/content_5644613.htm[2022-10-01].

新华社 . 2021c. 中共中央 国务院印发《国家综合立体交通网规划纲要》. http://www.gov.cn/zhengce/2021-02/24/content_5588654.htm[2022-10-01].

徐海岩，胡俊，邵文彬 . 2013. 新加坡水处理技术与经验 . 东北水利水电，31（8）：63-64.

杨益 . 2010. 我国再生水利用潜力巨大 . 经济，(4)：64-65.

袁闪闪，陈潇君，杜艳春，等 . 2022. 中国建筑领域 CO_2 排放达峰路径研究 . 环境科学研究，35（2）：394-404.

张金奋 . 2013. 船舶碰撞风险评价与避碰决策方法研究 . 武汉：武汉理工大学博士学位论文 .

张军，王云鹏，鲁光泉，等 . 2017. 中国综合交通工程科技 2035 发展战略研究 . 中国工程科学，19（1）：43-49.

中国电力规划设计协会 . 2019. 中国水电铸就大国重器 . https://www.ceppea.net/n/i/196829[2023-03-23].

中国建筑节能协会能耗统计专委会 . 2018. 中国建筑能耗研究报告（2018）. https://www.cabee.org/site/content/23568.html[2022-10-01].

中国科学院海洋领域战略研究组 . 2009. 中国至 2050 年海洋科技发展路线图 . 北京：科学出版社 .

中国民用航空局，国家发展和改革委员会，交通运输部 . 2022. "十四五"民用航空发展规划 . http://www.gov.cn/zhengce/zhengceku/2022-01/07/5667003/files/d12ea75169374a15a742116f7082df85.pdf [2023-03-23].

中华人民共和国国务院 . 2006. 国家中长期科学和技术发展规划纲要（2006—2020年）. http://www.gov.cn/gongbao/content/2006/content_240244.htm [2023-03-23].

中华人民共和国国务院新闻办公室 . 2009. 中国的减灾行动 . http://www.gov.cn/zwgk/2009-05/11/content_1310227.htm[2022-10-01].

中华人民共和国生态环境部 . 2018. 中华人民共和国大气污染防治法（2018 年最新修订）. 北京：中国法制出版社 .

中华人民共和国水利部 . 2022. 2021 年中国水资源公报 . http://www.mwr.gov.cn/sj/tjgb/szygb/202206/t20220615_1579315.html[2023-03-23].

中华人民共和国住房和城乡建设部 . 2014. 海绵城市建设技术指南——低影响开发雨水系统构建（试行）. 北京：中国建筑工业出版社 .

住房和城乡建设部 . 2016. 建筑节能与绿色建筑发展"十三五"规划 . https://www.mohurd.gov.cn/gongkai/zhengce/zhengcefilelib/201703/20170314_230978.html[2023-03-23].

ASCE Steering Committee. 2006. The vision for civil engineering in 2025. Virginia: American Society of Civil Engineers.

Bolic T，Ravenhill P. 2021. SESAR: the past, present, and future of european air traffic management research. Engineering, 7(4):80-88.

Cohen N. 1999. Urban Conservation. Cambridge: MIT Press.

Intelligent Transportation System Joint Program Office. 2020. ITS 2020–2025.

National Science Foundation. 2000. America's investment in the future. NSF Celebrating 50 Years.

National Science & Technology Council, the United States Department of Transportation. 2020. Ensuring American Leadership in Automated Vehicle Technologies: Automated Vehicles 4.0. https://www.transportation.gov/sites/dot.gov/files/2020-02/EnsuringAmericanLeadershipAVTech4.pdf[2023-03-23].

Oden J T, Belytschko T, Fish J, et al. 2006. Simulation-based engineering science revolutionizing engineering science through simulation. Report of the National Science Foundation Blue Ribbon Panel on Simulation-Based Engineering Science, USA.

Pan P, Wang T, Nakashima M. 2015. Development of Online Hybrid Testing:Theory and Applications to Structural Engineering. Ports Mouth: Butterworth-Heinemann.

Post J. 2021. The next generation air transportation system of the United States, vision, accomplishments, and future directions. Engineering, 7(4):427-430.

QS. 2022. QS World University Rankings by Subject 2022. https://www.topuniversities.com/subject-rankings/2022[2023-03-23].

United Nations. 1987. Report of the World Commission on Environment and Development: Our Common Future.

United Nations. 1992. Agenda 21. https://sustainabledevelopment.un.org/content/documents/Agenda21.pdf[2023-03-23].

United Nations. 2001. Population, environment and development. New York: Department of Economic and Social Affairs, Population Division.

关键词索引

T

X

Y

Z